广饶关帝庙大殿
保护与研究

东营市历史博物馆
山东建筑大学　著

中国建筑工业出版社

图书在版编目（CIP）数据

广饶关帝庙大殿保护与研究 / 东营市历史博物馆，山东建筑大学著. —北
京：中国建筑工业出版社，2014.10
ISBN 978-7-112-17269-6

Ⅰ.①广…　Ⅱ.①东…②山…　Ⅲ.①寺庙—古建筑—维修—广饶县
Ⅳ.①TU746.3

中国版本图书馆CIP数据核字（2014）第208643号

责任编辑：李东禧　唐　旭　陈仁杰
责任校对：李美娜　关　健

广饶关帝庙大殿保护与研究
东营市历史博物馆
山东建筑大学　　著
*
中国建筑工业出版社出版、发行（北京西郊百万庄）
各地新华书店、建筑书店经销
北京嘉泰利德公司制版
北京方嘉彩色印刷有限责任公司印刷
*
开本：880×1230毫米　1/16　印张：14¹/₂　字数：284千字
2016年7月第一版　2016年7月第一次印刷
定价：**178.00**元
ISBN 978-7-112-17269-6
　　　　　（26076）

《广饶关帝庙大殿保护与研究》编纂委员会

顾　　　问：谢治秀　由少平　倪国圣

编 写 单 位：东营市历史博物馆

　　　　　　　山东建筑大学乡土文化遗产保护国家文物局重点科研基地

名 誉 主 任：孙翠秀　王晓勇　迟　健　付建森

主　　　任：王汝华

副 主 任：荣子录　万永福　王清江

委　　　员：（按姓氏笔画排序）

　　　　　　　田茂磊　刘志恒　李　莉　李秀亭　赵　金　贾志伟

主　　　编：荣子录

副 主 编：赵　金　田茂磊

执 行 主 编：高宜生　胡占芳

执行副主编：王月涛　陶　斌　黄春华

编　　　辑：（按姓氏笔画排序）

　　　　　　　万永福　于晓玲　王　芳　王莹莹　王清江　刘志恒

　　　　　　　刘建爱　纪振军　杨文明　李秀亭　李学民　李　莉

　　　　　　　李振伟　张晓彬　苏　莹　周国典　赵文文　赵春超

　　　　　　　贾志伟　徐　霞　高姗姗　韩国建　董　娜　燕晴山

撰　　　文：高宜生　胡占芳　王月涛　田茂磊　赵　金　荣子录

　　　　　　　陶　斌　黄春华

摄　　　影：李东禧　田茂磊

图 版 制 作：焦铭谦　袁　军　张　云

技 术 资 料：荣子录　赵　金　田茂磊

序言

　　山东是中华文明的重要发祥地之一，历史文化灿烂，文物资源丰富，是驰名中外的文物大省。各类不可移动文物 4 万余处，其中世界文化遗产 3 处，各级重点文物保护单位 7000 余处，其中全国重点文物保护单位 101 处、省级优秀历史建筑 373 处、历史文化名城 18 座。山东一万年前左右进入定居的农牧业时代，在漫长的历史发展过程中，创造了丰富而独具特点的建筑，成为中国历史建筑体系中的一个重要组成部分。

　　山东东营广饶关帝庙大殿是山东祠庙建筑的重要代表，山东省域内现存最早且唯一的宋代木构建筑，同时，也具有地域文化传承的鲜明特征。大殿坐北朝南，面阔三间，月台为砖石砌筑，通阔 12.64m，通深 10.7m，建筑高 10.25m。大殿建筑面积 135.25m²，占地面积 12461m²。其平面布局、大木构架、铺作等基本保持了初建时的风格，具有明显的宋代建筑特征，其结构形式为六架椽屋乳栿对四椽栿用三柱，用材按宋为六等材。室内四椽栿为撤上露明造，原室外乳栿当心间为藻井，次间为平棋，斗栱重昂五铺作。该殿与宋《营造法式·厅堂建筑》所载相同，接近《营造法式》"大木作制度"的建筑规范。加之历代的维修，大殿承载着不同时期的历史信息，具有较高的历史、文化、文物和科学研究价值。

　　进入 21 世纪以来，特别是山东省文物局组建后，在省委、省政府的正确领导下，全省文化遗产事业生机蓬勃，健康快速发展。文物保护力度进一步加大，大运河"申遗"工作、相关大遗址保护工程、齐长城资源调查保护工程等一系列重大文物保护工程相继启动。文物建筑维修保护工程也取得实效。在国家文物局和省财政厅的大力支持下，全省实施了蓬莱水城、颜庙、岱庙、"三孔"、天柱山、烟台山、青岛八大关等一系列国家及省重点文物维修工程，一大批重点文物保护单位得到科学保护。2010 年 12 月 1 日《山东省文物保护条例》经省人大第十一届人民代表大会常务委员会第十九次会议审议通过，已经施行。新《条例》依托《文物保护法》，在加强政府职能、填补工作空白、细化工作程序等方面做出明确规定。

　　与此同时，面对瞬息万变的经济社会发展形势，各种文化思潮的相互激荡，在总结建筑遗产保护实践成果的基础上，建筑遗产保护的概念不断加深。我国的文物保护从早期的保护文物单体建筑到保护历史城镇、历史街区；由保护名胜古迹、纪念性建筑，发展到保护传统建筑、乡土建筑。同时，文物保护理念也在不断地深化，由保护建筑实体，到保护其历史环境、人文环境、文化环境、民俗传承，文物保护的概念及外延不断深化。

广饶关帝庙大殿维修工程正是山东文物保护事业中文物维修实践的典型工程实例。工程 2011 年启动，2012 年 7 月全面竣工，历时 2 年有余。该次维修也是该大殿新中国成立以来规模最大的一次修复。维修期间，我亦多次前往工程现场，了解工程进度、把握大修实际情况。综合来看，在国家文物局的检查指导下，此次维修工程相关各部门认真勘察、精心设计、规范施工。把关帝庙大殿所蕴含的有价值的历史文化信息、建筑规制与地域建筑构造及工艺做法等内容发掘和传承了下来，并建立了科学的，包含勘察报告、修复设计方案、修复中各细部研究与修复记录等内容的工程修复档案，这些方法与措施的实施是难能可贵的，是凝聚了社会各界关怀、关爱、汗水和心血的，是山东古代建筑修复史上的精品样板工程，其修复措施值得借鉴，修复经验值得倡导与发扬。

为了把此次修缮工程各个进展环节和工艺技术措施记录下来，并结合修缮工作对我省这唯一的宋代木构大殿进行研究，以供后世借鉴，东营市历史博物馆会同我省建筑类重点高校——山东建筑大学将其编辑成书，付梓出版。

作为山东省文物战线上的一名老兵，本书编撰组知我对此次大修工程的关切，嘱我为序。基于我对此次保护修复及研究成果的了解、体会，形成文字，并借此机会将我省文物工作发展与现今状况汇报给关心、重视文物保护事业的社会各界朋友。写了以上繁言冗语，权以充之，并借以对此书出版为之祝贺。

谢治秀

2016 年 6 月 18 日

前言

　　《广饶关帝庙大殿保护与研究》一书历时 4 年的编修，终于付梓面世了。在此，对在本书编纂过程中给予大力支持和帮助的各级领导和专家朋友表示衷心地感谢。

　　广饶关帝庙大殿是山东省现存最早的木构建筑之一，是全国重点文物保护单位。2012 年，国家拨专款对该殿进行了维修，为了加强对古建的保护，总结经验，留存历史，根据省文物局文保处的建议，东营市历史博物馆和山东省建筑大学共同编辑出版了这部关于大殿的综合性论著。关帝庙大殿在历史上曾多次维修，据民国七年（1918 年）《乐安①县志·古迹志》记载，该殿始建于南宋建炎二年（1128 年），金承安、泰和年间（1196~1209 年）邑人张彦重修。明成化二十年（1484 年），知县沈清重修。嘉靖二十年（1541 年），知县马子文建三义堂于正殿后（今废）。隆庆二年（1568 年）知县杜朝贵、万历三年（1575 年）知县姜璧、万历七年（1579 年）知县崔汝孝均重修。万历八年（1580 年），崔汝孝又建钟楼于二门左。弘治十一年（1498 年），知县李桂铸铜像。崇祯十一年（1638 年），知县潘必镜重修。清康熙五年（1666 年），邑人孙三锡重修，并拓地二亩。康熙二十一年（1682 年），知县邵秉忠重修。雍正五年（1727 年），知县何天衢率民捐银置庙地（二十一亩六分）。嘉庆五年（1800 年），知县吴坦安重修。道光二十三年（1843 年），邑人陈纪增建后殿暨观剧台。道光二十四年（1844 年），知县黄良楷重修。同治六年（1867 年），知县彭嘉寅重修春秋楼。每岁春、秋仲月次丁暨五月十三日致祭。由此看来，该殿从金到清末历代均有维修，但平面布局、大木构架、斗栱等基本保持了初建的风貌。大殿前后的配套建筑自明代开始增建，至清道光年间发展成鲁北最大的关帝庙，并且香火盛极一时。民国时期，大殿院内略加改造成为广饶县第一中学。抗战时期日本的一个中队驻扎在院内。新中国成立后，成为广饶县委党校驻地。"文革"时期，"春秋楼"被拆除。因党校在大殿两侧建设教室，严重影响了大殿四周的排水和通风，并将大殿月台拆除，故对大殿的自身保护和古建的环境风貌造成了不同程度的破坏。

---

① 乐安，广饶旧称，1914 年因与江西乐安县重名，改称现名。

1965 年中国古代建筑修整所和山东省博物馆,对大殿进行了勘察及测绘。提出拆除紧邻大殿东西两侧的房屋,划为大殿相应的保护区范围。由于"文革"爆发,维修计划没得到及时落实。至 1975 年,山东省文物局拨款 8 万元对大殿作了一次室内外较全面的维修,但月台宽度尚未复原,大殿东西两侧紧邻房屋没拆除,环境及使用单位仍维持现状。1986 年,东营市人民政府拨专款 10 万元,将广饶县委党校由大殿院内迁出,广饶县博物馆迁于此处。从此大殿作为独立性文物保护单位,得到文物部门的妥善保护和开发利用。随后广饶县博物馆利用 1985 年山东省文物局拨的专款 4 万元,对大殿进行了室内外木构建的油漆和屋面清陇等保护工作,大殿月台恢复原宽 7.55 米,拆除了大殿东西两侧的房屋,使大殿四周有了相应的保护空间。

　　为了弘扬民族历史文化,1991 年广饶县人民政府筹资 200 万元,聘请清华大学建筑设计院,在大殿院内设计建造了三个仿宋式四合院。全木结构的对称轴线式大门、二门,与该殿紧密配合,互相映衬,构成了气势宏伟的古建群体,成为东营市和广饶县主要的旅游景点和对外开放的窗口。

　　1997 年因天气突然恶化,大殿遭到严重破坏。由国家文物局拨款 15 万元,对大殿进行了一次抢救性维修保护。维修方案由山东省文物科技保护中心编制,上报国家文物局批准,山东省文物科保中心组织曲阜古建队,对大殿进行了维修。2007 年,大殿突然出现局部坍塌,急需再次修缮保护。东营市历史博物馆及时将大殿险情向上级主管部门作了书面汇报,省文化厅立即指派山东省文物科技保护中心对大殿进行了详细勘察,发现大殿存在 80% 瓦面下滑破损、部分斗栱歪曲、多数木结构腐朽、西山墙体开裂风化等严重问题。同年,该馆将山东省文物科技保护中心编制的《山东广饶县关帝庙大殿抢救性维修保护方案》及《广饶关帝庙大殿抢修工程估算》逐级呈报上级主管部门。

　　2009 年 11 月 5 日,国家文物局以文物保函 [2009]1318 号对《关于广饶关帝庙大殿抢救性维修保护方案》进行了批复,并于 2011 年拨付专项维修资金 50 万元。2012 年 2 月,通过公开招标确定曲阜市三孔古建筑工程管理处作为项目施工单位。

维修工程于 2012 年 4 月正式开工，同时被纳入山东省文物保护工程重点项目，主要施工内容有：

1. 屋面揭瓦；整修添配缺损正脊、垂脊、岔脊等部位的荷花脊及龙脊脊件；添配垂兽、岔兽及翼角跑兽件；添配五样勾头、滴水、正斜当勾、平口条、压当条及绿琉璃瓦件等。

2. 木基层部位更换糟朽的方直木椽、望板、连檐和瓦口等；更换酥碱望砖；新做 TS 高分子卷材防水，重新苫背。

3. 更换糟朽断裂的檩条、垫板、枋木、博风板、吊鱼等；整修加固前后檐、东西山及内檐糟朽、劈裂的斗栱构件，配齐脱落的升斗。

4. 墩接加固糟朽的檐柱、金柱柱根部位。

5. 更换断裂糟朽的西次间乳栿构件。

6. 室内外下碱酥部分墙体剔除、挖补、勾缝。

7. 新做内外檐木构件地仗油饰等。

但维修工程正式开工后不久，技术人员发现大殿隐蔽处损毁程度与《方案》差距较大，及时对维修内容进行了调整补充，并将更改补充内容和追加维修资金申请于 2012 年 5 月呈报上级业务主管部门。

整个维修工程以"不改变文物原状"为原则，坚决贯彻"百年大计、质量第一"的方针，牢固树立"预防为主"的思想。施工过程中，对质量问题坚决执行"四不放过"和"一票否决制度"，做到了精心组织、精心施工，确保了工程质量。安排专人负责施工现场文物保护措施和技术的监督管理工作，要求施工现场人员车辆、机械设备在施工过程中严格按照规程和文物保护技术措施施工。

施工过程中，项目单位、施工单位和监理单位密切协作，确保工程质量和进度，尤其要做好项目成品的保护工作。整个维修工程有条不紊地进行，于 2012 年 7 月底圆满竣工。维修后的关帝庙大殿既维持了原有的历史风貌，在实现了对古建筑保护的同时，又改善了参观环境。

该书共六章，不仅对关帝庙大殿最近的一次维修的方法、过程进行了详细记述，还对关公文化进行了认真梳理和总结，使人对关公崇拜有了一个更深入的了解。广饶关帝庙大殿是山东省最早的木构殿堂，它的构建既具有同时期古建筑的一般做法，又有自身的形制与技术特点，为此，本书特增加了《广饶县关帝庙大殿研究》一章，通过对大殿构架类型、铺作配置与斗栱型制、样式等的深入研究，找到了与国内不同区域古建筑的异同，对研究我国古代建筑的型制、结构、用材、做法等起到了重要的参考作用。

同时，为了确保本书的完整性，我们还对 1997 年维修时对地面的处理项目和尚未进行的防雷项目一并进行了编录。不妥之处，敬请谅解。

编者

2016 年 6 月

目录

第一章

关公文化与大殿历史沿革

第一节

关公生平

关公文化发端于其生前活动地域的民间对其英雄事迹、人格魅力、道德等的崇拜及寻求祖先和神灵庇护的心理，并随着祭祀的礼仪、节庆、行为及关帝庙建设活动的发展而逐步兴盛。宋代以后，随着封建政府和帝王为树立道德标准、稳定政治统治逐步对关公进行加封，对关公文化内涵进行拓展，关公文化在封建社会的末期达到了鼎盛，并进一步传承至今，渗透到了中国及全球几乎所有华人聚集的地区。关公文化是一个随社会历史的发展而不断演变的概念，理解关公文化，有必要先对关公生平事迹及关公文化随社会历史的发展演变有一个总体了解。

关公本名关羽，姓关，名羽，字云长（本字长生），关公为世人对其尊称。关羽出生于桓帝延熹三年（160年）时的河东郡解县宝池里下冯村，卒于建安二十四年（219年）。其生活的时代，正值汉末乱世，群雄割据、战乱频繁、豪绅武断乡曲是这个时代的典型特点。对

于关羽早年生活，正史缺乏记载，关于关羽的最早记载出现在其死亡后不久，晋初陈寿编著的《三国志·蜀书·关羽传》中。此书对关羽家世及其青少年时代生活的记述也是语焉不详的，只用"关羽字云长，本字长生，河东解人也。亡命奔涿州"。寥寥数语带过了其家世及青少年时代。当今，所获得的关羽家世及其青少年时代的信息主要来于南朝人裴松之对《三国志·蜀书》中关于关羽及其相关的人和事迹的注解中，或来源于元之后大量出现的关于关帝事迹的小说、传记和志中。某些小说、传记和志，由于距离关羽生活的时代甚远不免有穿凿之嫌，但其在民间影响甚大。从陈寿的《三国志》及裴松之的著述中，可获得关羽特别喜欢读《春秋》，几乎达到了可以背诵的程度，"羽好《春秋左氏传》，讽诵略皆上口"。喜好儒学经典《春秋》，但没有成为一个专门攻读五经的儒生，主要与关羽"亡命奔涿郡"、"少时力最猛，无法检束"等语句中所透露的忠义、

勇武的性格有关。关羽青少年时代崇尚"礼"，推行"仁"的品德形成，也切合了儒学于汉末在关羽故乡河东解州的发展传承及战乱尚武的环境。从元代以后出现的大量的关于关帝事迹的小说、传记和志中，也可以了解到关羽的祖父，姓关，名申，字问之；父亲，姓关，名毅，字道远；妻子为胡氏；长子为关平，次子为关兴，并有一女；孙有关统、关彝。

关于关羽的家世、其青少年时代生活及其亡命之后的生活，正史记载很少。然而，对于其到涿郡后开始的辉煌的征战生涯和主要事迹，史书中却有丰富的记载，关羽也是通过征战赢得其辉煌人生的。其辉煌的征战人生主要可以分为：飘摇不定的早期阶段，基业初创的中期阶段及固守荆州的后期阶段三个重要阶段（表1-1）。

关羽因杀恶霸，为官府捉拿，亡命异乡，五六年后，即其29岁左右时，在涿郡结识了刘备、张飞等人。因当时正值黄巾军起义时期，刘备是东汉皇室的远系支庶，素有匡扶汉室社稷的大志，且"好交结豪侠，年少争附之"，正在顺时招募乡勇抗击黄巾军。这时关羽就顺势投靠了刘备，作为刘备的保镖，帮助其招募及管理军队，刘备、关羽、张飞情同兄弟。《三国志·蜀书·关羽传》中"先主于乡里合徒众，而羽与张飞为之御侮"及"先主与二人寝则同床，恩若兄弟，而稠人广坐，侍立终日"便是对此时状况的描述。率领召集的乡勇，刘、关、张曾先后参加过幽州牧刘虞、中郎将卢植、校尉邹靖的军队讨伐黄巾军，刘备因军功也被先后授予过安喜县尉、下密丞、高唐尉及高唐令等职。如中平元年（184年），刘、关、张率乡勇从邹靖校尉讨伐黄巾有功，除安喜尉，后因鞭督邮而弃官亡命。中平六年（189年），刘备率关、张及乡勇与都尉毋丘毅诣丹阳募兵，在下邳对黄巾军作战立功，拜为下密令，后弃官为高唐尉，迁为令。中平六年与初平元年之间（189~190年），因高唐为黄巾军所破，刘备率关、张二人投奔了刘备同窗好友中郎将公孙瓒，瓒表为别部司马。此后，刘、关、张加入讨伐董卓战争，并逐渐扩展势力。初平三年（192年）公孙瓒派刘备率关、张去青州，协助青州刺史田楷"以拒冀州牧袁绍"。因屡立战功，刘备先后被封为平原县令和平原相，刘备任关、张二人为别部司马，分统部曲，并结识赵云。兴平元年（194年）曹操伐陶谦争徐州之战中，刘备因援救陶谦，被其表为豫州刺史，驻军沛县。旋即，陶谦病亡，刘备代其为徐州牧。至此，刘备位于"封疆大吏"之列，小有立足之地，徐州此时也是诸侯争夺的重点对象。建安元年（196年）到建安三年（198年）中，袁术曾争徐州，吕布也数次进犯。建安元年（196年），吕布趁刘备与袁术相持于淮阴时，攻取下邳。刘备先降吕布，并又多次与之对抗。建安三年（198年），关羽随刘备投奔曹操，曹操东征，刘、关、张帮助曹操生擒吕布，曹操斩杀吕布于下邳，并带领刘、关、张入许都，拜刘备为左将军、豫州牧及宜城亭侯，关羽、张飞为中郎将。后因刘备参与"衣带诏"事件，并借邀杀袁术的机会，杀徐州刺史车胄，叛操并重夺徐州，命关羽守下邳，行太守事。建

时间	地点	历史事件
早期征战时期		
不详	解县（今解州镇）	怒杀恶霸，为民除害，后逃往涿州
不详	河北涿郡（今河北省涿州市）	结识刘备、张飞
184 年（东汉中平元年）		参加镇压黄巾军作战，开始了一生的戎马生涯
190 年（东汉初平元年）		随刘备投靠中郎将公孙瓒
192 年（东汉初平三年）	平原县（今山东省平原县）	随刘备协助青州刺史"以拒冀州牧袁绍"后任平原县别部司马，结识赵云
194 年（东汉兴平元年）	徐州（今江苏长江以北、山东南部地区）	随刘备援助陶谦与曹操争徐州，后陶谦病故，刘备代领徐州牧
196 年（东汉建安元年）	淮阴（今江苏省淮阴区）、小沛（今江苏省沛县）	拒袁术于淮阴，后驻军小沛，随刘备降吕布
198 年（东汉建安三年）	许都（今河南省许昌）	随刘备依附曹操，擒杀吕布，后随曹入许都，刘备拜为豫州牧、左将军，关羽为中郎将
199 年（东汉建安四年）	下邳（今江苏省睢宁县古邳镇）	与曹操决裂，占领徐州，刘备命关羽镇守下邳，行太守事
200 年（东汉建安五年）	白马（今河南省滑县）、阳武（今河南省原阳县东南）	曹操攻击刘备，刘备败逃，关羽及刘备妻室被曹操截获，关羽无奈暂时归附曹操，被授偏将军要职，当年，斩颜良，解曹操"白马之围"，后离去，北上阳武寻找刘备
助刘创业时期		
207 年（东汉建安十二年）冬		随刘备三顾茅庐，请诸葛亮谋划创业大计
208 年（东汉建安十三年）	赤壁（湖北省赤壁市西北长江之滨南岸）	赤壁之战，孙、刘联手抗曹，曹军兵败北还，三足鼎立的格局从此建立
210~211 年（东汉建安十五年至十六年）		关羽通过一系列征战，在长江中游地区为刘备创立蜀汉，建立了赖以依托的战略后方
镇守荆州时期		
211 年（东汉建安十六年）	荆州（今湖南、湖北、四川地区）	刘备留关羽、诸葛亮、张飞等镇守荆州
215 年（东汉建安二十年）		孙刘荆州之争，最后以湘水为界暂告段落
219 年（东汉建安二十四年）		刘备汉中称王建国，关羽获封前将军，率部北上进击襄阳、樊城，胜七军，斩庞德，个人军事功绩达到最辉煌的时刻
220 年（东汉建安二十五年）	麦城（今湖北省当阳市）	孙权、吕蒙偷袭荆州，关羽败走麦城，一代英武之将关羽走完了他的一生

安五年（200年），曹操东征刘备，刘备败走，依附袁绍，守卫下邳的关羽及刘备妻儿被曹军截获，关羽无奈，暂时附操。曹操待关羽甚厚，拜偏将军职，并给予厚礼。但是关羽念先主旧恩，不肯背之，对曹操部将张辽说："吾极知曹公待我厚，然吾受刘将军厚恩，誓以共死，不可背之。吾终不留，吾要当立效以报曹公乃去。"当年四月，袁绍派大将军颜良攻东郡白马（今河南滑县），关羽在千军万马中斩杀颜良于马下，帮助曹操解"白马之围"。此时，关羽已知曹操东征时与其失散的刘备等人的下落，于是弃操，北上阳武，寻找刘备。"千里走单骑"及"过五关，斩六将"等故事就是弃操寻刘这段历史过程的后人演绎。从关公早年征战的事迹中可以看出，其《三国志》中描述的"随先主周旋，不避艰险"的赤胆忠心、坚毅勇武的品格。在这一时期，关羽积累了丰富的作战经验，并建立了战功，还与刘备建立了兄弟般的情谊，为以后的建功立业，担当大任奠定了基础。然而，此阶段中，无论早期的讨伐黄巾军，还是稍后的诸侯割据之争，刘、关、张都没有固定的中心地点，是飘摇不定的。

关羽在袁绍处找到刘备后，随刘备被派驻汝南。东汉建安六年（201年），曹操在官渡之战中击败袁绍的主力军之后，便向汝南继续对刘备发动进攻。刘备因实力不济，率兵南下，投奔荆州刺史刘表。刘表出城"郊迎"刘备，"以上宾礼待之，益其兵，使屯新野"（《三国志·先主传》）。关羽从刘备在新野招兵买马，以待反攻。建安七年（202年）秋冬，奉刘表派遣，关羽随刘备大军至曹操辖

地南阳作战，操遣大将夏侯惇及于禁重兵抵御，刘备、关羽避重就轻，未与其正面交锋，并设埋伏，重创其军队。建安十二年（207年），刘、关、张三顾茅庐，请诸葛亮出山，共谋大业，并提出了以荆、益二州为中心，联合东吴，待机北伐，最后实现统一的大计。建安十三年（208年）七月，曹操率军征讨刘表，刘表于同年八月病故，曹军九月至新野时，刘表之子刘琮请降。此时，刘备屯兵樊城，闻讯后，决定南走江陵，并遣关羽统帅水军顺汉水南下，刘备亲自率张飞、赵云、诸葛亮等人沿陆路南行。刘备军队因百姓随行、辎重繁重等原因，行动迟缓，被曹军追击于当阳长坂，刘备等人大败而逃。此时，由于江陵已被曹军先行占据，因而刘备率众"斜趋汉津"，方与关羽水军会合并渡过沔水，得刘表长子江夏太守刘琦的帮助，才汇同其部众，一同到达夏口（今武汉）。当年冬，发生了远近闻名的赤壁之战，孙权、刘备联手抗操，曹操败北而还，三足鼎立的格局就此形成。关羽念操旧恩，在华容道放走曹操一事也发生于此时。曹操撤退之时，命乐进守襄阳，曹仁、徐晃守江陵。后经刘备、周瑜等人率军一再围攻，关羽率军切断乐进的南下支援，被困一年多的曹仁最终放弃江陵退守樊城。孙权立刻派周瑜、程普、吕范、吕蒙等人分别驻守江陵、江夏、沙羡（今汉口西）、彭泽、寻阳等地，完全控制了长江西起夷陵（今宜阳）东至寻阳（九江）地区。为安置刘备军队，周瑜将油江口（长江南岸的公安县）给了刘备。"备以瑜所给地少，不足以安民，复从权借荆州数郡"（《三

国志·先主传》注引《江表传》)。刘备借得的只是数郡靠近长江的部分地区。因而，趁周瑜与曹仁对峙于江北，无暇南顾时，将荆州所辖的武陵、长沙、桂阳、零陵四郡争夺了过来。刘备得四郡后，由于刘琦的病故，在群众推举下刘备成为荆州牧，既拥有了江北部分地区，又得刘琦数万军队。由于关羽等人在南征及赤壁之战中的战功，关羽被任命为荡寇将军、襄阳太守、屯驻江北之江陵城。驻守江陵（荆州）是刘备整体战略的核心步骤，一则可抵抗驻扎襄阳和樊城的曹军南下，二则可以待机向江北扩展。建安十五年至十六年（210~211年），关羽曾率军北进，与曹操麾下乐进、文聘、徐晃、满宠等人，分别战于寻口、荆城、汉津等地，通过一系列战争，关羽进一步在长江中游地区为刘备创立蜀汉建立了稳固的后方基地。在这一阶段的战争中，关羽随刘备已经小有立足之地，战争也主要是围绕长江中游地区，特别是江陵（荆州）、襄阳、荆门、樊城之地展开。刘备基业初创，关羽战功逐步显露，为以后的辉煌战绩奠定了基础。

荆州（古江陵）东扼江东，北控江北，以"天下中心"著称，是群雄割据的必争之地，关羽后期的军事生涯基本上是围绕着固守此地展开的。因而，可称为固守荆州阶段。东汉建安十六年（211年）十二月，刘备率重兵沿江西下，攻夺益州，留关羽、诸葛亮等人镇守荆州。建安十九年（214年）夏，由于刘备在攻夺益州的军事行动中受阻，于是调集张飞、诸葛亮、赵云等人前往救助，留关羽总督荆州，全权负责荆州事。在刘

备西进期间，关羽负责北抗曹操，东拒孙权，内修政务等重任，为刘备提供了后勤保障。关羽辛勤的工作经营，为西进战略的实施做出了巨大的贡献。经过几次战争与争夺，东汉建安二十年（215年），孙权得知刘备已得益州，决定向其讨还荆州。在遣史斡旋未果之后，擅自任命了长沙、零陵及桂阳三郡的长史，并被关羽全部驱逐而走。孙权震怒，决定武力讨还，并调兵布阵准备作战。刘备闻讯，也留诸葛亮镇守成都，亲自率五万人马赶回公安助阵。后经孙权设计诱降了零陵太守郝普，东吴实际上控制了长沙、桂阳、零陵三郡。此间，鲁肃曾邀关羽相见会谈还荆州事宜。双方剑拔弩张，战争一触即发，谈判未果。此时，恰逢曹军进攻汉中，取张鲁，刘备恐腹背受敌，才决定以湘水为界将长沙、江夏、桂阳给孙权，南郡、零陵、武陵归自己，以议定的方式解决荆州之争的问题。关羽赴鲁肃之邀，参加会谈一事，也为民间广泛流传的"单刀会"。经过此次荆州之争，在后来几年中：关羽一方面修筑了江陵南城，增设内外瓮城；另一方面，大规模地扩充军力，集聚军资，训练水军，制造战船，提高军队战斗力；再者，还组织和发动曹魏境内的反操力量，以便北伐时与其形成里应外合之势。这些都使荆州实力大增，孙权"为子索羽女"和亲遭拒绝事件及"刮骨疗毒"事件就发生于此间。据《三国志·关羽传》记载："羽尝为流矢所中，贯其左臂，后创虽愈，每至阴雨，骨尝病痛。医曰：'矢簇有毒，毒入于骨，当破臂作创，刮骨去毒，然后此患乃除耳。'羽伸

臂令医劈之。时羽适请诸将相对，臂血流离，盈于盘器，而羽割灸饮酒，言笑自若。"便是对"刮骨疗毒"事件的记载。刘备退操，取汉中后，于建安二十四年（219年）七月，称王建国，自立为汉中王，封关羽为前将军。在刘备的授命下，为实现汉中与荆州之间的连接，关羽率军北上征襄阳、樊城。开始时，关羽军队所向披靡、势若破竹，很快围困曹仁军队于樊城。曹操也速遣于禁、庞德率七军支援，不料，天降暴雨十余日，平地起水五六丈，将于禁、庞德军队击溃，三万多兵马及于禁投降关羽，庞德被斩。消灭七军后，关羽重兵围困樊城，使其弹尽粮绝，危在旦夕，而此时曹魏的"群盗或遥受羽印号，为之支党"，对曹操形成严重威胁。这也是关羽"威震华夏"，军事功绩最为辉煌的时刻。曹操见情况急迫，令徐晃督重军为曹仁解围，与关羽激战于樊城之北，因兵力悬殊，关羽命刘封、孟达增援，二人均抗命不援。于是，关羽从樊城撤退。曹操出兵讨伐关羽前，以"许割江南以封权"的条件与孙权达成联吴合击关羽的决策，孙权出于对关羽的愤恨做出了"讫以讨羽以自效"的决定。因此，趁关羽与徐晃激战败退之际，孙权派吕蒙偷袭取得了荆州地域。由于公安守将傅士仁、江陵守将糜芳在关羽围攻樊城时军资供给不及时，关羽曾警告要治他们罪，所以不战自降，关羽妻室及士兵尽被吴军俘获。关羽闻南郡失守，便向南撤退，南下途中得知江陵已失，沿途主要地点被吴军占领的情况下，退守麦城。孙权令朱然、潘璋设伏断关羽后路，于建安二十四年

（219年）十二月，关羽、关平等人在临沮（今湖北当阳玉泉山）被潘璋手下马忠俘获斩杀。此后，孙权恐刘备寻仇将关羽首级连夜送往洛阳曹操处，曹操识破孙权诡计将其首级厚葬于洛阳南门外。自此，荆州蜀军全部覆灭，荆州地域悉被东吴所占，一代忠义神武之将终于走完了其辉煌的人生。刘备闻知荆州已失、兄弟被杀的消息，十分悲痛。后主刘禅追谥关羽为壮缪侯。关羽死后两年多，刘备即位蜀汉皇帝，急于为关羽报仇，与吴军激战于猇亭，兵败后退据白帝城，病故。自关羽守荆州以来，主要是以荆州为根据地和中心进行战斗的，镇守早期关羽通过一系列的战争建立了其"威震华夏"的赫赫战功和传世英名。但由于平时矜傲于士大夫的个性使其部下官员在其孤立无援时不予援助并投敌卖主，北伐时的战略策应不足，敌军的阴谋联合及军队力量对比的悬殊等原因，最终战败被杀。

关羽一生，以其忠诚勇武、光明磊落、武艺超群、功勋卓著，赢得了同代人及后世的尊敬和崇拜。吕蒙称其"斯人长而好学，梗亮有雄气"，曹操谋臣程昱称："关羽、张飞皆万人敌也。"陆逊称关羽为"当世豪杰"。唐朝礼部尚书虞世南更是用"利不动，爵不絷，威不屈，害不折，心耿耿，义烈烈，伟丈夫，真豪杰，纲常备，古今绝"等词句高度总结和概括了关羽的高贵品质。由于关羽践行的道德符合了儒家的治世思想，随着儒学占统治地位的中国文化的发展，关羽也逐渐从英雄辈出的三国及其他时代英雄中被遴选出来，逐渐发展为中国的武圣人

与孔子所代表的文圣人并列，并融入儒、道、释三教，因"忠"、"信"、"仁"、"义"、"勇"之品德，他也逐渐被后人推举为道德楷模，凡是有中国人的地方必能见到关公崇拜，形成了蔚为壮观的关公文化现象。

第二节

关公文化与民间崇信的形成

关羽生前就以忠信仁义、勇武善战、光明磊落及战功卓著而声名远播。关公阵亡后，其品格和事迹必然会被后人传颂和纪念。关公事迹在民众中传播也是与生活在社会底层的百姓寻求庇佑、祈求安宁及向往正义的心理诉求相适应的，与中国古代社会敬祖、崇儒的传统相一致的，这为关公文化的形成和发展提供了丰厚的土壤和奠定了一定的基础。关公文化以关公信仰及崇拜为精神内涵，以著述演绎其事迹、祭祀、民俗活动及筑庙修祠为形式，经西晋至唐朝的起源，宋、辽、金、元时期的发展，到明清时期达鼎盛，至今天已遍布几乎华人存在的各个角落，成为各地华人的普遍信仰，大约经历了起源、发展、高潮、普及等几个阶段，下面分述其历史发展过程（表1-2）。

中国关帝庙重点位置分布   表1-2

分布地点	分布地点规模	分布地点	分布地点规模
解州镇	关公故里	开封	主要分布城市
沈阳	主要分布城市	徐州	主要分布城市
呼和浩特	主要分布城市	许昌	主要分布城市
承德	主要分布城市	周口	主要分布城市
大同	主要分布城市	南阳	主要分布城市
涿州	主要分布城市	襄樊	主要分布城市
忻州	主要分布城市	成都	主要分布城市
阳泉	主要分布城市	重庆	主要分布城市
烟台	主要分布城市	宜昌	主要分布城市
威海	主要分布城市	荆州	主要分布城市
青岛	主要分布城市	武汉	主要分布城市
泰安	主要分布城市	南京	主要分布城市
新乡	主要分布城市	苏州	主要分布城市
运城	主要分布城市	长沙	主要分布城市
晋城	主要分布城市	湘潭	主要分布城市
洛阳	主要分布城市	昆明	主要分布城市

分布地点	分布地点规模	分布地点	分布地点规模
泉州	主要分布城市	固关	主要分布城镇
广州	主要分布城市	平遥	主要分布城镇
佛山	主要分布城市	乐都	主要分布城镇
香港	主要分布城市	夏河	主要分布城镇
澳门	主要分布城市	乡宁	主要分布城镇
虎林	主要分布城镇	灵石	主要分布城镇
多伦	主要分布城镇	翼城	主要分布城镇
海城	主要分布城镇	沁水	主要分布城镇
居庸关	主要分布城镇	高平	主要分布城镇
山海关	主要分布城镇	阳城	主要分布城镇
长海	主要分布城镇	平常村	主要分布城镇
伊宁	主要分布城镇	邠州	主要分布城镇
布玉	主要分布城镇	杜旗	主要分布城镇
广灵	主要分布城镇	当阳	主要分布城镇
偏关	主要分布城镇	绍兴	主要分布城镇
山阴	主要分布城镇	象山	主要分布城镇
雁门关	主要分布城镇	恭城	主要分布城镇
五台	主要分布城镇	长岛	主要分布城镇
定襄	主要分布城镇	江孜	主要分布城镇
娘子关	主要分布城镇	日喀则	主要分布城镇

一、关公文化的起源（西晋至隋唐）

由西晋至唐，约600余年的时间中，关公经历了其萌芽的阶段。虽然在武神中的地位不高，但于唐中叶被唐肃宗列入纪念武成王姜子从祀的64名列代武将之中，从民间逐步进入了皇家祭祀的行列，为后世关公文化的发展开创了先河。

关公一生忠义仁勇、厚爱百姓，"随先主周旋，不避艰险"，建立了赫赫战功并成为当时"威震华夏"的英雄。关公生活的当世就获得了敌人和百姓的普遍赞扬，按照中国古代祭祀敬祖的习俗，对这样一位英雄，其诞生地、主要战斗地区和阵亡地这些关公生前影响较大地

区的人们，应该在得知其阵亡的消息后就有祭祀和崇拜活动的产生。河东解州（今山西运城）是关公的出生地，其阵亡后，族人和乡亲出于对这样一位英雄的敬仰和祭祖的习俗必然在其故居内设祭拜的场所。关羽亡300多年后的陈、隋之间，于其故居处修建起来的关公及其家人的家庙，就是这种发端于民间的祭祀和敬祖活动的必然结果。关公镇守多年的荆州及其阵亡地临沮（湖北当阳玉泉山），向来就有祭拜战死者的"国殇"及"巫风淫祠"的习俗，鉴于关羽的在民间的深刻影响，其亡后这里就修筑了陵墓，"帮人拜墓，岁以为常"，《三国演义》诉述"关公玉泉山显圣"汉末建关公祠一

说，也并非凭空虚构。洛阳是曹操厚葬关公首级之地，从关公下葬之初，就开始了祭拜活动。当时，关公事迹和英名在这些地区的百姓间广为流传，这在关羽亡后不到100年，最早对他有专门正史记载是在西晋初期陈寿所编著的《三国志·蜀传·关羽传》中有所反映。尽管由于当时西晋政权是曹魏的延续，迫于政治的压力，陈寿对关羽的颂扬可能有所抑制，但从短短的全文中我们可以窥见一个忠信仁勇、刚毅不屈、英明神武的关羽形象及当时朋友和敌人对其的赞扬。此外，魏晋南北朝的很多野史和书籍中，也有关羽、张飞勇武事迹记载，南朝人裴松之的《三国志注》正是在参考这些稗官野史的情况下写成的。此外，北朝时期的北魏人郦道元所做的《水经注》中，也多次提到了关公的英勇事迹及其发生地点。由此可见，关公事迹和崇拜在其活动地的民间的传播情况。从文献记载来看，虽然魏晋南北朝时期，关公的事迹在民间广泛流传，并有了正史的记载。但由于其生前矜傲于士大夫，在一般文人士大夫的记载中并不多，而且是作为有性格缺点的人雄（鬼）的形象出现的，并没有被誉为神，关公的事迹多流传于民间。

随着时间的推移，关公的事迹已被渐渐淡忘于滚滚的历史烟尘之中，随着隋唐时期大统一的鼎盛局面的到来，战争与分裂显然是与曹魏的统一相对的。因而，蜀汉及其旧臣在士大夫中受到了一定程度的贬抑。但借助于佛教的力量和皇家的支持，关公文化在皇家祭祀中获得了一定地位，并初步实现了与佛教和道教的结合，为其神化打下了基础。

隋唐时期，先有天台宗始祖托言关羽显圣，借助隋文帝的力量在玉泉山修建玉泉寺，使关羽成为佛教的护法伽蓝使者；到唐朝初期，禅宗大师神秀再次托言关羽显圣扩建玉泉寺；唐肃宗时期，关羽作为武成王姜子牙的随祀64人进入了道教武神行列。这时，关公作为神明虽然地位不高，但由于受到佛家、道家及皇家的支持，使其在民间深入人心。通过"俗讲"和"水戏"的民间艺术形式，关公事迹在百姓间进一步广泛传播。关公在文人士大夫诗句和言辞中，也得到了普遍的颂扬，郎君冑"将军禀天资，义勇贯古今。走马百战场，一剑万人敌"，及前述虞世南的"利不动，爵不絷，威不屈，害不折，心耿耿，义烈烈，伟丈夫，真豪杰，纲常备，古今绝"便是反映。

总体看来，魏晋南北朝至隋唐时期是关公文化发展的起源阶段，此时关公事迹已在民间得到了广泛的传播并附有各种显圣的演绎，西晋初年已有关公的正史记载，隋唐时期关公崇拜与佛、道文化进行了初步的结合并进入了皇家祭祀的行列，初步获得了文人士大夫的青睐，关公事迹以"俗讲"、"水戏"等形式在民间得到了广泛的传播。这些开创性的事件及良好的社会基础，为关公文化的进一步发展奠定了良好的基础，是关公文化的起源期。

二、关公文化的发展形成（宋辽至金元）

从宋辽至金元，约400年的时间，是关公文化发展形成的重要时期，其主要表现为：宗教界的广泛参与，戏剧与文学艺术对关公文化的烘托与演绎，关公文化在民间影响的进一步扩大，皇帝的屡加追封使关公文化由民间发展逐步转向由皇家统治阶级推动提倡。

宋初，关公地位并未得到明显的重视，基本延续了隋唐五代以来的地方性家祠、配祭于先主庙及从祭于武王庙三种形式，甚至关公祭祀还一度从配祭的行列中撤出。后来，随着政治、经济、文化及宗教的发展繁荣，皇帝封谥的发展，关公的地位也在逐渐提高。佛教在经历了周世宗"灭佛"运动以后，进一步夸饰"关公显圣"扩展实力，在宋元丰四年（1801年）重建玉泉寺并供奉关公于伽蓝殿，宋绍圣三年（1096年）宋哲宗敕建玉泉关公祠，关公演变成为佛教普遍供奉的"护法伽蓝"。宋辽金元也是道教迅速发展并积极参与政治的时期，宋初皇帝就极力推崇道教，每逢诞辰、节庆，均派道士为国家和帝王祈祷。这时道士也利用关公显圣战蚩尤保卫国家重要物质盐的生产地解州盐池之说，提高道家和教众自身的地位。借助宗教的影响和帝王的重视，关公也逐渐被列入道教众神之列。并且，随着宋徽宗、高宗、孝宗皇帝先后加封关公为"忠惠公"、"崇宁真君"、"武安王"、"武安英济王"。关公也由陪祀，逐渐变为王公并在诸神中地位逐渐攀升的原因。南宋偏安于江南，为了对抗金元，安定境内的伦理纲常秩序和培养忠君爱国的精神，也对关公进行了两次追加封号。割据北方的金人为了笼络汉人，同样信奉关公，现今金朝统治区内遗留的金代关公庙和碑记都证明了这种情况的存在。元代皇帝自代替金朝之日起，就继承了金人信奉关公的传统，据史料记载，元世祖信奉佛教，用关公做"监坛"。元天历元年（1328年），元文宗帖睦尔曾封关羽为"壮缪义勇武安显灵英济王"。可见，随着时间发展，关羽的谥号越来越长，地位越来越高，事迹传播随着民族征战和融合越来越广泛。

宋辽至金元期间，随着关公文化由民间进入皇家信仰，并由皇家和宗教推动，关公事迹、节庆及祠庙也在民间广为传布。宋代流行的市井说唱艺术中，关于三国故事的"说三分"就广为传播，关公的忠义大节在民间影响日益强烈。官方春秋两次及民间在农历五月十三日祭祀关公的习俗在宋、金时代就已流行。元代民间艺人集前代说唱艺术大成的基础上，整理形成了《三国志平话》。《三国志平话》的演绎也使关公形象得到了初步完善。此外，当时元曲中关汉卿的《关大王单刀会》、《关张双赴西蜀梦》等，也为关公形象的刻画及关公事迹的演绎传播起到了推动作用。这个时期，关帝庙也在全国各地逐渐得到了兴建，如元代人郝经记载："其英灵义烈遍天下，故所在皆有庙祀，福善祸恶，神威赫然，人咸威而敬之，而燕赵荆楚为尤笃，郡国州县、乡邑间井皆有庙"（引《重建汉义勇武安王庙记》碑记）。至元时，不但经济发达的中原和江浙一带修建了很多的关帝庙，就连非常偏远的广西、四川等地关帝庙也颇多。

总体而言，随着时代的发展关公文化逐步由民间过渡到由皇家为主导的祭祀形式，并与佛教及道教逐步联合，关公成了一位重要的主神；关公形象和事迹在民间各种艺术形式中得到了演绎、完善和丰富；通过征战与民族交流关公文化也渗透到了中国其他民族区域，至元代，关帝庙已遍及当时的城市和地方偏远的乡村，形成了关公文化遍寰内的形势。这为关公文化在明清两代达到高潮和鼎盛做好了铺垫。

三、关公文化的高潮与鼎盛（明至清）

明清两代是关公文化发展达到高潮和鼎盛时期。随着封建皇帝的推崇和加封的进一步发展，文人士大夫出于不同目的对关羽的赞颂，特别是明初罗贯中用通俗语言编著的《三国演义》将关羽事迹系统化和人物形象定型化处理使其成为家喻户晓和妇幼皆知的人物，关公文化在明朝达到了第一个高峰。这具体表现为：关公事迹几乎家喻户晓，民间崇拜更为广泛；文人士大夫间出现了广泛赞誉关公的志传、文集，形成了系统的关公事迹和形象系统；皇家对关公倍加推崇，形成初步的祭祀制度；全国各地关帝庙的建设更加普及并向边远地区和海外初步扩展。清朝在继承明朝关公文化发展的基础上进一步发展，达到了鼎盛时期。这主要表现在：皇家对关公封号进一步提升，对其神格进一步强化，并且制定了成熟的祭祀制度；宗教和商业行会对关公进行宣传和增加其神格功能内涵，使关公文化的传播和发展进一步扩展；关帝庙建设普及并进一步向海外及少数民族发展，使只要

有华人的地方就有关公崇拜和文化成为现实。

在继承发展宋、元时期，历代帝王对关羽祭祀追封的基础上，明代的统治者为了以关公对先主的忠义为榜样，达到笼络臣民为皇帝效忠尽力的目的，对关公的推崇也更加具有自觉性。洪武二十七年（1394年），朱元璋建关帝庙于南京鸡鸣山阴，将其与列代帝王、将相及城隍庙并列。永乐元年（1403年），明成祖朱棣在都城建设关帝庙；之后宪宗又下诏建关帝庙于北京城东。从此，关庙进入皇家寺庙之列，关公的祭祀也逐步制度化。明中期，每年祭祀多达25次，祭祀规格也由"少牢"逐步升级为"太牢"。明后期，关公的地位进一步升高，神宗先封关公为"协天护国忠义大帝"，关公由王升帝。后来，又加封其为"三界伏魔大帝神威远震天尊关圣帝君"。关公亲属也得到加封：夫人为"九德武肃英皇后"，关平为"竭忠王"，关兴为"显忠王"。天启四年（1624年）明熹宗钦准关羽祭祀为帝祀，达到了无可复加的地步。明代的士大夫文人阶层，出于对关公喜读《春秋》的认同、对关公符合封建伦理纲常道德的附和等各种不同的原因也加入了赞美行列，写出了大量赞美关公的传、志、诗歌和文集。罗贯中的《三国演义》就是在参考《三国志》正史的基础上，旁征博引当时的各种关于关公的传说写成的，用十回、约10万字系统地介绍了关公事迹，使目不识丁的人对关公事迹也能娓娓道来，这对于关公文化的普及和广泛传播起到了非常重要的作用。另外，继元杂剧之后，明

朝承袭了"关戏"的创作热情，几乎关公的每项事迹在戏剧中都有相应的剧目，这进一步促进了关公文化的延传。由于，各方面的综合作用，关庙在全国也如雨后春笋般地骤增，几乎全国大小县城和乡村都有关庙，甚至台湾也建设了一定数量的关庙。

清军入关前，明朝的统治者就曾用关公信仰怀柔满人，使关公文化传入东北，成为满族的重要信仰。再者，满清入关之前就以《三国演义》为兵略，极其崇拜关羽。皇太极曾在盛京建关帝庙，按岁时祭拜。由此可见，关公文化在明末已经成为清军的信仰和传统。入关前，清朝也效仿明将关公信仰传入蒙古，并自比三国时期刘备，将蒙古比作关羽。入关后，封关羽为"忠义神武灵佑仁勇威显护国保民精诚绥靖翊赞宣德关圣大帝"，以示对蒙古的尊重。清军入关后不久，顺治就在地安门外建设了奢华的关帝庙，分别于顺治九年和顺治十二年（公元1652年和1655年）分别谥号关公为"忠义神武关圣大帝"和重修德胜门关庙。不久，竟是各门也争现关庙，发展势头盖过了明代。康、雍、乾三代，关公文化迅速发展，皇帝多拜会关帝庙，并参加祭祀典礼，祭祀礼仪与帝王级别相同。清代中后期，嘉、道、咸继承了前朝传统，将关公崇拜发展到了登峰造极的地步。不断对关公谥号进行追封，对其祖父地位也提升为王，并形成了完备的祭祀礼仪和制度，祭祀达到了"中祀"的非常高的水平。关公的封号也达到26字之多，为列代之最。由于清代以行政指令和颁布圣谕的

方式来推崇关公文化，因此在清朝关公文化也达到了统一和鼎盛。此种形势下，道教为实现其广为传播实现世俗化的目的，也编撰了很多关于关帝事迹的经书，这对于关公文化的传播无疑起到了推波助澜的作用。此外，明代成为全国商帮之首的晋商，鉴于皇家推崇、关公是山西商人同乡等原因，为维护自身地位和利益，也一致推举这位万民敬仰的神为商业的保护神和财神。遍布各地的晋商会馆几乎都供奉关公，俨然成为一个变身的关帝庙。鉴于晋商的影响和关公文化的强大影响力，各地商会也纷纷效仿将关公作为供奉的武财神。这也对民间产生了巨大的影响，小商小贩及平民百姓也将关公作为财神对待。这使关公文化进入了商业活动，成为商业活动不可或缺的部分。此时，关公也成为军人、农业、手工业，甚至科举考试士子们的保护神。可见，关公文化在清末的普及和泛化程度。此外，随着清朝疆域的不断扩展和不同民族地区之间的人口流动，关公文化也扩展渗透到了东北、内蒙古、新疆、西藏地区，这里迅速建起了很多关帝庙。从明代开始，关公文化和关帝庙的建设也逐步传播到了朝鲜、日本、越南、缅甸，甚至清末开始就传播到了美国、澳大利亚等国，这也是关公文化走出国门，面向五洲的开始。

总体而言：经过明代皇帝的进一步推崇，关帝文化在明代达到了第一个高峰；关帝祭祀制度和规格初步形成；关公形象初步完善、事迹成为完备的体系并通过戏剧、文学作品的形式在民间广

为传播，并在一定范围内传至海外；清代统治者继承了明朝的传统，对关公崇拜达到了无以复加的地步并形成了完善的皇家祭祀制度和高级的祭祀等级；关帝文化在清代已经渗透到了各种行业人们的信仰中，成为几乎所有人和行业的信仰；并且清代以来，随着版图的扩大、人口的流动和地域间的经商等原因，关帝文化也逐步向少数民族地域、台湾、香港、海外扩散，形成了关帝文化遍布世界各地的现象。

第三节

关公文化的核心内涵及其传承

以关公崇拜核心及其发源、发展、形成、传播为脉络，基于中华民族传统文化的丰厚土壤，由历史上的人民群众为主导，各阶层、集团和民族的共同参与创造了具有丰富内涵、特色鲜明、影响广泛及具有强大生命力的关公文化。关公文化是一个由物质文化、行为制度及精神文化构成的系统整体。这个整体系统中：反映其生活、征战事迹的历史遗迹，为祭祀和纪念他而修建的祠、庙、会馆等各种类型的建筑，附属于建筑的各类历史遗物，都属于物质层面的重要内容；由于对关公的崇拜衍生的一些民间习俗、节庆、宗教仪规及祭典礼制等，都属于行为制度层面的重要内容；关公"忠义、仁勇、诚信"的精神品格和道德观念，围绕着歌颂和记载关公事迹形成的正史、传记、方志、文集、戏曲、小说、诗词歌赋、楹联、雕塑、绘画、碑记等则属于精神观念文化的主要内容。在这个文化系统中，关公"忠义、仁勇、诚信"的精神品格和道德观念是关公文化的核心内涵和内在基因，千百年来关公文化的发展、演变和传播也正是围绕着这个核心不断充实和丰富其内涵的过程，其他物质、制度精神层面的内容为这个核心内涵提供了丰富的表达形式和载体。关公文化的核心内涵及其载体对中国传统文化的继承和当代文化的建设仍具有重要的作用，合理阐释关公文化的核心内涵、保护其传播载体，使之服务于当代中国的文化建设是华夏儿女义不容辞的责任。

一、关公对其文化核心内涵的践行

关公的青少年时代是在儒学底蕴极其丰厚并代有传承的汉末河东的解州，且自身又"好《春秋左氏传》，讽诵略皆上口"。这表明关公的思想和行为必然受到传统儒学伦理观念的深刻影响。关公正是以追随刘备匡扶汉室，其高尚的行为道德和个人事迹无不闪耀着"忠义、仁勇、诚信"光芒，阐释着这一关公文化核心支柱的内涵。

早在关公之前，由孔子所代表的儒家所推行的道德体系就是以"仁、义、礼、智、信"和"忠、孝、节、勇、和"为核心的，这早已成为了关羽生活时期的传统道德背景。在这种道德体系中，所谓"忠"，就是内心求善，外在尽职尽责的意思，孔子认为忠不只是对君王的忠，也指对百姓的忠，即"上思利民，忠也"。关羽随刘备创业，稠人广坐时，"待立终日"，征战时"随先主周旋，不避艰险"，镇守荆州时，恪尽职守、苦心经营……这些事迹都充分表现出了他对刘备和汉室百姓的"忠"。所谓"义"，就是得体合宜的意思，就是应当和应该之义，后衍生出公平正义之内涵，《礼记·中庸》："义者宜也，尊资为大。"衍生出舍生取义、以义制利的最高道德追求。关公被曹操擒后，曹操待之甚厚，其不背刘备，前往追随，连曹操都称赞其为天下"义士"，表现出天下"大义"。其后，华容道义释曹公，舍生取义，攻占长沙时以说服的方式"义降黄忠"，都是关公对"义"的践行的典型。所谓"仁"就是爱人，《论语·颜渊篇》曰："樊迟问仁，子曰：'爱人'，"后也有同情他人的"恻隐之心"含义。由父母之爱，兄弟姐妹之爱，进而推及对他人之爱，"天下归仁"是儒家思想中最高的社会道德境界。关羽在刘备投降袁绍后，置个人安危于不顾，力保其妻儿及家小；历史上对其"善待卒武"，对部下关心的记载；这些无不体现出关帝的"仁"爱道德品格。所谓"勇"就是刚毅、坚强、勇敢之义，儒家道德以投身为义为勇，弃身为仁为勇，持节不恐为勇，持义不掩为勇，知死不避为勇。关公作为一名以武立身的将军，"勇"是其英名远播的最重要的精神品质。策马于万军中斩颜良，围樊城，"水淹七军"、

斩庞德、降于禁，"单刀赴会"，"刮骨疗毒"等无不诠释了"勇"的各种含义。所谓"诚"，《荀子·乐论》曰："著诚去伪，礼之经也"，诚为真和真心之意。所谓"信"，儒家强调，"言而有信"，"信则人任"，可见信为真实、诚实、守信之意。由此可见，诚、信意思较为接近，即为言行一致，按照真心和即成约定去行事。诚信，是传统道德观念下，人的立身、创业、治世之本。关公事迹所体现的诚信也都渗透于其忠义之举中，与其光明磊落的品格一致的。他对刘备"誓以共死，不可背之"态度，就是对当年桃园结义誓言的践行；斩颜良解"白马"之围便是对他报曹操厚恩后离去承诺的诠释；华容道放走曹操，也是其知恩必报真性情的展现，是对诚信的完美演绎。

根植于中国传统儒家文化的深厚土壤，关公的一生事迹折射出了"忠义、仁勇、诚信"的精神光辉和道德品格，这符合了中国历史上占统治地位的儒家思想的道德标准。因而，关公文化的精神也出于不同的目的逐渐被历代人民及统治者所继承、阐释、传播和践行，形成了内涵丰富的关公文化。然而，"忠义、仁勇、诚信"却是其基本基因和核心。

二、关公文化核心内涵的历代阐扬

关公死后，其人生的事迹及其体现的"忠义、仁勇、诚信"的核心精神，逐渐被不同时代的人们从不同的方面加以强调、发展和演绎，形成了蔚为壮观的关公文化。

隋唐之前，关公主要是以其战功及神勇被当时的人们所强调的，并未受到太大的重视。隋唐之际，关公文化的传播虽然还不够广泛，但其精神品质已被人们发觉和阐释。唐名臣虞世南赞扬关羽的名句，就体现了关公不为爵位和利益所动心，不为强权和武力所屈服，忠心耿耿、节义诏烈的道德形象，是对关公及关公文化精神品格和道德内涵的较为全面的评价，较为概略地体现了其"忠义、仁勇、诚信"的核心。宋元期间，推崇关羽的风气逐渐发展起来，人们对关帝文化核心内涵的评价也较为全面。宋张商英的一首小诗《咏辞曹事》在简短的诗句中用关羽辞别曹操的一件小事就深刻地演绎了关羽"忠义、仁勇、诚信"的精神内涵（月缺不改光，剑折不改芒。月缺白易满，剑折尚带霜。势利寻常事，难忘志士肠。男儿有气节，可杀不可量）。金吏部员外郎在《嘉泰重修碑记》中写道："忠而远识，勇而笃义，事明君，抗大节，收竣功，蜚英名，磊磊落落，挺然独立千古者，唯公之伟欤"。元代胡琦在《新编实录序》中称关羽"……，熟若云长大勇愤发，心不忘义，事汉昭烈，誓同生死，守荆州九年，贼威之如虎，讨樊之举，鼓忠义之气，破奸雄之胆，可不谓壮哉。"这些记述都是围绕着关羽"忠义、仁勇、诚信"的精神品格展开的。可见随着时间的推移，世人对关公文化的精神内涵有了越来越丰富的认识和演绎。关于关公"忠义、仁勇、诚信"的颂扬和记述也大量出现在宋元时期的碑记、诗歌、传记等类型的文集中。明代以来，随着罗贯中《三国演义》的问世，关公事迹体系化和关公形象的定型化，"忠义、仁勇、诚信"更加成为有关关公事迹的各种历史、戏剧、小说、诗歌、散文、文集、碑记所阐释和颂扬的核心，只不过这是关公品质被提到了与日月争辉、与孔子比肩的程度。明代状元焦竑的《正阳门庙碑铭》便是这些文献的典型代表。焦竑道："……，侯方崎岖草泽中，以一旅之微，卒能佐汉，扶将倾之鼎，摧强破敌，威震天下，可不谓雄哉？及艰危之际，矢死不回，以毕其所志。此其人与孔子所称杀身成仁者，岂有异也。古忠臣烈士，欲有立而中废者，其未竟之志，郁于生前，未尝不赫赫于后世。矧侯之节，皎然与日月争光者哉？"清代延续了明朝的传统，只不过有将关公的精神品质加以神话的光环。雍正帝御制的《关帝庙后殿崇祀三代碑文》、清乾隆皇帝的《京城地安门外关帝庙重修碑记》及清代全国各地出土的其他修建关帝庙的碑记、铭文中，都可以看到对关公"忠义、仁勇、诚信"精神品格的颂扬，不过这时关羽的地位已经被抬高至神的级别，充满了神秘和玄幻色彩。

经过历代阐扬，关公道德品格及关公文化的精神核心"忠义、仁勇、诚信"之内涵逐步明显。不过关公文化发展、传播的各个时代的统治者，为满足自身的统治要求，所具体阐释的"忠义、仁勇、诚信"精神具体内容和针对的对象也是不同的，具有阶级和时代的局限性。至清代，随着关公地位被抬高至顶级、关公文化进一步泛化，关公文化也披上了浓重的神秘色彩。

三、关公文化核心内涵的当代继承

经历了近现代的发展，关公信仰和文化作为传统的文化精神在现时代的中国乃至全世界仍具有广泛的影响力。改革开放以来，中国在进行现代化建设的同时仍然十分关注传统文化的继承和发展。对于关公文化，一定要在把握其核心内涵"忠义、仁勇和诚信"的基础上，对其核心精神采取去伪存精的继承并进行重新地阐释以适合当前的文化建设；对关公文化的物质、行为及精神的其他非核心层面，也一定要给予适当的保护和传承，使其体现文化的延续，成为新文化内涵的载体。

关公文化的核心"忠义、仁勇、诚信"可以做如下阐释。"忠"可以阐释为，忠于事业，忠于人民和忠于国家，这是中华民族人民群众的最高道德追求。对于自身从事的有利于社会和他人的事业要兢兢业业，不能玩忽职守或渎职，万万不能为了个人的私人利益损害人民、集体和国家的利益。"义"可以阐释为对社会和他人，公民应该承担的责任和义务，个人不能推卸作为公民应该承担的社会责任和义务。"仁"可以阐释为，以博爱之心对待他人，在人与人之间建设友爱互助、和谐融洽的人际关系环境。"勇"意味着敢于开拓创新，行事果断并不屈不挠、自强不息。"诚"和"信"，则可阐释为，诚实守信，不弄虚作假、欺人欺己。诚信是个人立足于社会的立身之本，在和谐的社会环境的建设中具有重要的意义。上述对关公文化的"忠义、仁勇、诚信"新阐释是对每个公民的一般的道德要求，针对不同的人群上述核心文化精神，也可以给予具体的解释。如对于领导干部，要强调"忠于事业、恪尽职守"，"勤政廉洁、无私奉献"，"以人为本、关心群众"，"勇挑重担、开拓进取"，"依法行政，照章办事"等"忠义、仁勇、诚信"的具体行为道德。对于商业集团来说，则可强调热爱集体、以义制利、关心顾客、不畏竞争、信誉至上的"忠义、仁勇、诚信"的现代阐释。对于军人则要强调忠于人民、舍身报国、不畏牺牲、服从指挥的现代阐释。此外，对于关公文化的物质层面（和关公文化相关的遗迹、建筑及其附属物），行为层面（关公祭祀制度和民间习俗）及精神层面的其他方面（历史、诗歌、小说、碑记、绘画等文字和图形著述），也一定要采取一定的措施进行保护，使传统文化的载体得以继承，成为关公文化新内涵教育的场所，"皮之不存，毛将焉附"。

关公文化对于当代文化的建设具有重要的意义，要在合理阐释其精神内核"忠义、仁勇、诚信"的基础上，使之适应当前文化建设的需要，对当前中国的文化建设做出重要的贡献。这期间一定要保护和继承好关公文化物质、行为和精神层面的其他内容，它们体现了历史文脉的延续、为新文化内涵的传播提供了场所和可借鉴的表现形式。广饶关帝庙大殿正是这一文化的具体载体，它不仅承载着我国关公文化的丰厚内涵，同时，作为山东地域唯一的宋代木构建筑，也传承着中国传统建筑文化和高超的建筑技艺。

第四节

大殿历史沿革

广饶关帝庙大殿位于广饶县城西北隅的孙武祠内，始建于南宋建炎二年（1128年）（图1-1、图1-2），距今已有890年的历史，是山东省现存最早的宋代木构建筑。1965年前，原址南北长约130米，东西宽76米，有春秋阁、三义堂、

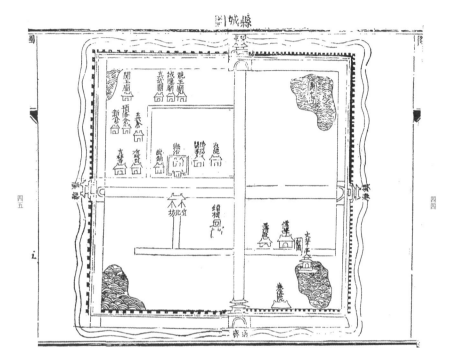

图1-1
明万历三十一年（1603年）《乐安县志》中关帝庙位置图

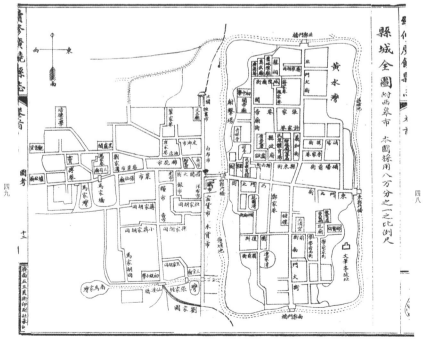

图1-2
民国二十四年（1935年）《续修广饶县志》中关帝庙位置图

图 1-3　大殿正立面

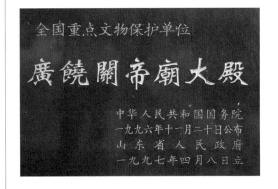

图 1-4
大殿文物标示碑

东西厢房和戏楼等明清建筑，现仅存大殿。该殿绿瓦朱甍，飞檐翘角，歇山顶式，全木结构（图 1-3）。

　　大殿坐北朝南，面阔三间，月台为砖石砌筑，通阔 12.64 米，通深 10.7 米，建筑高 10.25 米。大殿建筑面积 135.25 平方米，占地面积 12461 平方米。其平面布局、大木构架、铺作等基本保持了初建时的风格，具有明显的宋代建筑特征，其结构形式为六架椽屋乳栿对四椽栿用三柱，用材按宋为六等材。室内四椽栿为撤上露明造，原室外乳栿当心间为藻井，次间为平棋，斗栱重昂五铺作。该殿与宋《营造法式·厅堂建筑》所载相同，接近《营造法式》"大木作制度"的建筑规范。大殿承载着不同时期的历史信息，具有较高的历史、文物和科学研究价值。

　　1977 年 12 月山东省人民政府将大殿公布为第一批省级重点文物保护单位，1996 年国务院将其公布为第四批全国重点文物保护单位。该殿在 1977 年公布为省级重点文物保护单位时曾定名为"南宋大殿"，1996 年国务院在公布为第四批国保单位时又更名为"广饶关帝庙大殿"（图 1-4）。

大殿作为古迹最早载入明万历《乐安县志》(图 1–5)。金永安、泰和年间该殿首次维修，明成化二十二年（1486 年）重修，弘治十一年（1498 年）新铸关羽铜像，嘉靖二十年（1541 年）建“三义堂”于大殿后，隆庆、万历年间大殿均重修后建“钟楼”于二门左，清康熙、雍正年间共拓地 28 亩于“三义堂”后建“春秋楼”，道光二十三年（1843 年）建后殿暨观剧台，同治六年（1867 年）重修“春秋楼”每岁秋仲月次丁暨五月十三日致祭。后由于自然和人为因素的破坏，仅剩关帝庙大殿。该殿虽经历代维修，但平面布局、大木构架、斗栱等基本保持了初建的风貌，其结构方式，构件尺度，用材比例等具有明显的宋代建筑特征。大殿前后的配套建筑自明代开始增建，至清道光年间发展成鲁北最大的关帝庙，并且香火极盛。据民国二十四年《续修广饶县志》载，民国十六年（1927 年）在此改建中学，并在大殿后东侧修建了校门（今称民国门)。1938 年至 1945 年被日伪机关占用，1945 年冬至 1947 年为渤海三中所用，1947 年 5 月至 1948 年为广饶县学所用，1949 年至 1953 年为中共广饶县委所在地，1954 年至 1987 年改作中共广饶县委党校。从 1987 年 10 月 19 日开始，中共广饶县委党校搬走，广饶县博物馆（东营市历史博物馆前身）搬进此院。并接管大殿的保护工作。1965 年中央古代建筑休整所和山东省博物馆对该庙内建筑进行过全面勘察和测绘，并写出了《广饶关帝庙残毁情况勘察记录》。1977 年、1987 年、1989 年省有关部门拨专款对大殿进行过维修。1992 年由清华大学建筑设计院设计了图纸，修复了大门、二门、东西廊庑、东西厢房等三个院落建筑。1997 年，国家文物局拨专款对大殿进行了维修，修复了坍塌的关帝殿东北角屋面，并修缮了殿前月台、散水、重铺了室内地面。2003 年经上级主管部门同意，修复了关帝殿后的三义堂、春秋阁、碑廊、碑亭、后山门等建筑。又请专业施工队伍做了院落排水系统，绿化了整个院落。

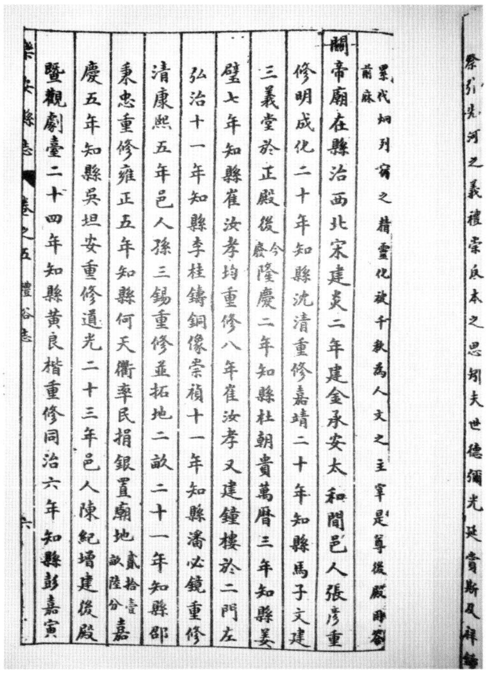
關帝廟在縣治西北宋建炎二年建金承安太和間邑人張彥重
修明成化二十年知縣沈清重修嘉靖二十年知縣馬子文建
三義堂於正殿後今廢隆慶二年知縣杜朝貴萬曆三年知縣姜
璧七年知縣崔汝孝均重修八年崔汝孝又建鐘樓於二門左
弘治十一年知縣李桂鑄銅像崇禎十一年知縣潘必鏡重修
清康熙五年邑人孫三錫重修並拓地二畝二十一年知縣邵
秉忠重修雍正五年知縣何天衢率民捐銀置廟地貳拾壹畝陸分嘉
慶五年知縣吳坦安重修道光二十三年邑人陳紀增建後殿
暨觀劇臺二十四年知縣黃良楷重修同治六年知縣彭嘉寅
樂安縣志 卷之五 禮俗志 六

图 1–5
民国七年《乐安县志》对广饶关帝庙的记载

在 2007 年 7 月，大殿发生局部坍塌后，省文化厅授权山东省文物科技保护中心对大殿进行勘察，制定了《山东广饶县关帝庙大殿抢救性维修保护方案》及《广饶关帝庙大殿抢修工程估算》。随后，东营市历史博物馆将《方案》及《估算》两次逐级向上级主管部门汇报。2009 年国家文物局以文物保函 [2009]1318 号对《方案》予以批复，并于 2011 年下拨专款 50 万元。2012 年 4 月依据国家文物局审批的《山东广饶县关帝庙大殿抢救性维修保护方案》，对关帝庙大殿进行局部落架修缮。

现在关帝庙由南向北中轴线上有五进院落。中轴线建筑依次为添建宋式大门、二门、关帝庙大殿、三义堂、春秋阁、后山门等。中轴线两侧建筑由南往北依次为东西廊庑、东西厢房、民国门、碑廊和碑亭。这些建筑组成关帝庙气势宏伟的古建筑群，已成为当地重要文物和旅游资源。

第二章

大修工程勘察与设计

文物保护工程的勘察设计是实施古建修缮工程的首要工作，其科学性、系统性与准确细致性直接影响着古建筑修缮的质量与成效。受东营市历史博物馆的委托，关帝庙大殿的勘察设计工作由山东省文物科技保护中心承担，东营市历史博物馆给予大力协助并组织施工。

关帝庙大殿修缮工程勘察设计首先进行了现状勘察与研究，对关帝庙大殿的建筑形制、构造、工艺做法及残损现状（图2-1～图2-3）进行探查、检测，通过分析与比较，形成关帝庙大殿保存现状的结论性意见。在此基础上，撰写编制《广饶关帝庙大殿修缮工程现状勘察文件》和《关帝庙大殿修缮工程方案设计文件》。《关帝庙大殿修缮工程方案设计文件》报送国家文物局并经有关专家评审论证通过。根据国家文物局批准

图 2-1
大殿修缮前南立面外观

图 2-2
大殿修缮前北立面外观

图 2-3
大殿戗脊端部的天神

的方案设计文件和批复意见以及现状勘察结果进行方案调整，完成《关帝庙大殿修缮工程施工图设计文件》的编制。由于文物建筑维修工程特有的不确定因素多，隐蔽工程多等特点，所以勘察设计具有一定的局限性，施工过程中必须进行进一步勘察与跟踪设计，及时进行设计调整、补充和变更。

第一节

工程的勘察与方案设计

一、现状勘察文件的编制

《广饶关帝庙大殿修缮工程现状勘察文件》的编制是关帝庙大殿修缮工程工作的基础性环节，是关帝庙大殿维修保护方案设计和施工图设计的重要依据之一。

（一）现状勘察的前期准备

对关帝庙主体建筑关帝庙大殿的现场勘察计划于 2010 年 5 月制定完成，山东省文物科技保护中心的设计人员在东营市历史博物馆的技术骨干协助下，对有关关帝庙的历史档案进行了细致查找。在东营市历史博物馆查找到《广饶县志》等历史文献档案资料，从中收集整理了大量有关关帝庙的文字信息资料，对关帝庙特别是关帝庙大殿建筑的历史沿革、历年的维修情况及修复年代的社会经济状况等有了初步了解。

在进行书面资料查阅的同时，勘察小组人员还走访了长期在广饶从事管理工作的老同志和参加过 1997 年关帝庙大殿维修工作的老工匠，向他们询问关帝庙大殿历年来的使用与修缮情况以及当年修缮时未能解决的隐患等，收集整理了大量口头资料。

通过对所获信息资料的研究梳理，更加明确了勘察目的，即一是要查明由于自然因素造成的建筑损坏，包括建筑基础是否变形、下沉、倾斜或坍塌，建筑结构是否变形、失稳，建筑构件是否糟朽、劈裂（图 2-4），屋面是否漏雨（图 2-5），装修以及油饰彩画是否脱落、损毁等（图 2-6）；二是查明人为因素造成的损坏，包括历史上使用与维修情况所造成的建筑改变与损伤。

图 2-4（左）
屋面望椽

图 2-5（右）
大殿屋顶瓦面残状

图 2-6
木构建剥落的油饰

（二）现状勘察

山东省文物科技保护中心的勘察人员在东营市历史博物馆技术骨干与经验丰富的老工匠的协助下，于 2007 年 7 月对关帝庙主体建筑关帝庙大殿进行了全面细致的勘察。现状勘察工作的过程始终遵守国家文物保护法的规定，坚持科学的文物保护理念，对勘察中发现的任何缺损构件与变形移位及剥损脱落现象都进行了详细的文字和影像记录。

对关帝庙大殿的现状勘察工作包括绘制勘察测绘图纸及勘察建筑本体与附属设施并做文字、影像记录。

1. 绘制勘察测绘图纸

勘察人员首先对照先前的关帝庙大殿测绘图纸，进行了现状勘察，测量建筑轴线与大木构件尺寸以及各细部构件的尺寸，测量标高及上出、下出尺寸，绘制现状勘察图纸，同时注意历次维修改变情况的甄别，不同做法与改变都详细记录标注。

2. 勘察建筑本体与附属设施

建筑本体外部勘察：查看屋面是否漏雨，脊件、兽件是否缺损，椽望是否糟朽，望砖是否酥碱，阑额是否变形，檐柱是否倾斜，墙面砖是否酥碱，门窗等木构件的油漆、地仗的开裂和脱落情况，台基与月台的栏板、望柱等石构件歪闪断裂、酥碱风化状况以及地面砖的缺损情况等。

建筑本体内部勘察：通过查看望板是否有水渍来判断屋面是否漏雨，室内木柱的损坏情况以及室内彩画、装修的损坏程度，检查室内铺地的损坏情况等。特别注意了对隐蔽构件损伤程度的探查。勘察人员还根据先前的维修记载和外部勘察情况，有针对性地查看梁架、望板、望砖的损坏情况。

附属设施勘察：查看关帝庙大殿的安全防护、消防、避雷等设施、设备的完好情况以及关帝庙大殿相关的露天陈设、古树、甬路等方面的现状与保护情况。

勘察中除进行详尽的文字图纸记录外，还拍摄了大量的影像资料。对勘察过程中发现的各个历史时期的建筑修缮痕迹一一标明备注，有助于下一步的对比分析。

3. 汇总分析

现状勘察结束后，结合文字、图纸与影像记录对现场勘察情况进行了总结分析，对关帝庙大殿的历史沿革与损毁沿革，目前概况及文物价值有了深入了解，做出了初步价值评估，整理挖掘出重要的、真实的信息，为下一步撰写与编制现状勘察文件做准备。在汇总分析时，对具备典型时代特征和地域特征的重要信息进行了特殊记录。如屋面正吻近似明代构件；还有1997年维修时添配的瓦兽件；梁架、斗栱等木构件用材较小，该项与宋《营造法式》不太相符。对于诸如此类的问题都进行了详细记录，并上报文物主管部门，为今后修缮设计与研究提供原始档案资料。

（三）现状勘察文件的撰写与编制

《关帝庙大殿修缮工程现状勘察设计文件》的撰写编制以国家文物局《文物保护工程勘察设计文件编制深度规定》为准则，包括现状勘察报告、现状照片和现状实测图纸。

由于本书篇幅有限，无法将所有现状照片与实测图纸纳入，仅选取代表性的现状照片示例，并将关帝庙大殿现场勘察情况记录如下：

1. 墙体下碱

关帝庙大殿墙体砌筑共包含两大部分：月台侧墙及大殿墙体，综观墙体砌筑，大致为长条砖糙砌做法，整体呈五跑一丁满丁满砌做法，就其现状而言，存在局部风化、酥碱、墙体砖缝灰脱落严重

的问题（图2-7），其中尤以下碱部位为甚（图2-8）。

2. 大木构架

（1）屋面方直椽糟朽百分之九十五以上；连檐、瓦口、闸挡板等构件糟朽约百分之九十。

（2）榑、板、阑额、博风、悬鱼等木构件均有不同程度的糟朽、劈裂，以前后檐为重（图2-9）。

（3）内外檐斗栱残缺、歪闪、褪色、升斗脱落，构件松动（图2-10）。

（4）檐柱、金柱下部20～30cm部位柱根局部糟朽，油饰陈旧脱离。

（5）西次间乳栿由于上部荷载弯垂约5cm，基本处于断裂状态（图2-11）。

（6）屋面木基层：部分望板、椽子因渗水而糟朽严重（图2-12）。导致屋面漏雨的原因是瓦件下木基层、榑、枋、梁架的错位歪闪（图2-13）。屋面渗水，又加剧了木构件腐朽，致使木构件受力面减小，又促使梁架整体错位歪闪进一步扩大。

3. 屋面

关帝庙大殿屋面为绿琉璃瓦屋面，

图2-7（左）
大殿室内下碱墙体残状及近代不当修补

图2-8（右）
月台侧墙青砖酥碱、灰缝脱落

图 2-9（上）
大殿悬鱼、博风现状

图 2-10（中左）
大殿斗栱现状

图 2-11（中右）
撩檐槫开裂、糟朽、拔榫

图 2-12（下左）
屋面木基层现状

图 2-13（下右）
屋面梁架错位歪闪

瓦件残损，漏雨严重，瓦件脱釉开裂比例约占总数的80%，除板瓦仅有25%的利用率外，其他因脱釉严重而失去利用价值（图2-14）。正吻疑为明代构件，出现纵深方向断裂（图2-15）。

4.木装修

槅扇、槛窗外观基本完好，个别门窗因受风雨侵蚀、开启碰撞等原因产生变形致使无法完全开合。

5.油饰

所有木构件均做油饰，不施彩绘，油饰各部位均有不同程度的破损、脱落、龟裂与褪色现象（图2-16）。

二、方案设计文件的编制

《关帝庙大殿修缮工程方案设计文件》包括设计说明书和方案设计图纸两部分内容。

（一）方案设计说明书

关帝庙大殿修缮工程方案设计说明书包括设计依据、设计原则和指导思想、工程目的、工程范围及规模、修缮保护措施、维修预算等内容。

1.设计依据

关帝庙大殿修缮工程方案设计的依据包括关帝庙大殿的历史档案资料、项目立项目的与修缮保护需求、关帝庙大殿的保存现状与勘察结论、相关政策法规与地方条例、文物保护相关文献、相关建筑规范及技术标准以下几个方面。

（1）关帝庙大殿的历史档案资料

①明嘉靖《青州府志》；

②明万历三十一年《乐安县志》；

图2-14 屋面角梁套兽

图2-15 屋面吻饰

图2-16 大殿窗现状

③清雍正十一年《乐安县志》；

④民国七年《乐安县志》；

⑤民国二十四年《续修广饶县志》；

⑥《广饶县志》，中华书局，张齐才、高清云主编，1995年8月；

⑦《广饶文物概览》，内蒙古人民出版社，尹秀民主编，2001年1月；

⑧《广饶县志》，中华书局，胡广东主编，2007年6月；

⑨《东营文化通览》，山东人民出版社，于树建主编，2012年5月；

⑩《广饶历史文化通鉴》，中国文史出版社，杜惠林主编，2013年12月。

（2）项目立项目的与修缮保护需求

广饶关帝庙大殿是山东省现有保存比较完整、建筑年代最早的唯一宋代殿宇，具有极高的历史、艺术、科学价值，1996年被国务院公布为第四批全国重点文物保护单位。目前，关帝庙大殿整体及周边环境和各单体建筑的安全保护，还存在许多隐患与突出问题。尤其以大殿局部结构歪闪劈裂，整体木构架西倾，沉降不均，屋面漏雨，木结构外表油漆脱落，木基层糟朽等诸多安全隐患，整体建筑处于濒危状态，急需修缮，以延长关帝庙大殿的使用寿命，保护和传承文物建筑本体的历史信息和价值。

（3）关帝庙大殿保存现状与勘察结论

关帝庙大殿保存现状见本节第一部分内容。

鉴于《关帝庙大殿修缮工程现状勘察设计文件》中所述的关帝庙大殿实际勘察情况，得出如下结论：必须对建筑本体采取局部卸荷落架、修整加固、归

位安装的方法，而其他方面如屋面、地面、墙身等均按传统工艺和现代科学经验进行保护维修。

（4）相关政策法规与地方条例及文物保护相关文献

相关政策法规和地方条例有：《中华人民共和国文物保护法》、《中华人民共和国文物保护法实施条例》、《中华人民共和国建筑法》、《中国文物古迹保护准则》、《文物保护工程管理办法》、《古建筑消防管理条例》、《山东省文物保护管理条例》、《山东省消防管理办法》及《广饶县文物保护管理办法》等。

（5）相关建筑规范及技术标准

《古建筑木结构维护与加固技术规范》（GB50165-92）、《古建筑修建工程质量检验评定标准》（GB70-96）、《建筑工程质量检验评定标准》（GB70-96）等。

2. 设计原则和指导思想

（1）设计原则

关帝庙大殿修缮工程方案设计的原则包括：世界文化遗产有关公约、我国政府有关政策和法规，特别是以《中华人民共和国文物保护法》规定的"对不可移动文物进行修缮、保养、迁移，必须遵守不改变文物原状的原则"以及《广饶县文物保护管理办法》。

第二章第十条规定的"纪念建筑、古建筑、石刻（包括壁画、造像、碑刻等附属物）等文物保护单位在进行修缮、保养或拆迁复原时，应遵守不改变原状原则，严格按修缮、迁建的技术规范实施"为本方案设计的原则。还有，最小介入、可逆性、可再处理性、可识别性等原则也是本方案设计遵循的原则。

（2）指导思想

在关帝庙大殿方案设计及修缮过程中，尽可能地保存和使用原有构件，已残构件尽量修补加固后继续使用，缺少的构件按原制进行补配，尽量保持原有的材质材种、制作工艺和色调风貌，以达到保存关帝庙大殿的原状、原貌、原构的目的。同时，所采用的修复措施应是可逆的、可重复的。如果将来发现有更科学适宜的修复技术，随时可以更换修复材料，回到修复前的原来状态，并且修复中的任何修补、增加、替换部分都应控制在最低限度并做好标识。

3. 工程目的、工程范围和规模

关帝庙大殿修缮工程应从根本上解决关帝庙大殿大木构架错位歪闪的病症，对现状存在的其他问题均按传统工艺和现代科学经验进行保护维修，使修缮后的关帝庙大殿最大限度地保留其历史、艺术和科学价值，延长使用寿命，改善游览环境。

4. 修缮保护措施

通过现场实际勘察，要从根本上解决关帝庙大殿大木构架错位歪闪的病症，必须采取局部卸荷落架、修整加固、归位安装的方法，而屋面、地面、墙身等其他方面均按传统工艺和现代科学经验进行保护维修。具体措施如下：

（1）阑额加固归位

先将榑、阑额等构件编号，再按编号逐一拆卸下来。对每攒斗栱加以固定使之成为一体，并实施整攒斗栱的吊装。拆卸普拍枋后，对于变形较大的前檐明、次间和东侧前金柱间的阑额实施拆卸加固处理的方法。其他阑额采取保持原位

实施加固的方法。

梁架阑额的加固：首先将阑额内部和底部糟朽部分铲除，枋底部用干木料将糟朽的洞和缝填补密实。在两块阑额木料之间增设一块银锭榫的硬木，将硬木榫插入枋内侧所开的燕尾卯口之中，硬木榫的间距为0.5m，主要是起到在内部将两块枋料连为一体的作用，并用榫的宽度控制阑额拼接后的原宽度尺寸。拼接后的阑额中空部分，用环氧树脂掺锯末填充。

原位阑额的加固：先由阑额上部往下清理糟朽部分和尘土，阑额底部空洞和裂缝用木料填补密实，是否增设硬木榫、要看枋内部糟朽部位的朽烂厚度。厚度尺寸两边相加大于10cm者可适当增加数根硬木榫。清理或加固阑额中空部分后，用环氧树脂掺锯末填充。

原部分普拍枋也是拼接而成，对于变形较大的普拍枋卸荷后部分能够基本回弹到原位的可继续安装使用。对于回弹尺寸较小的普拍枋，可采取和枋受力相反的方向逐步加载的方法，迫使普拍枋回弹，缩小安装归位的误差尺寸。对于拼接普拍枋构件产生的中空部分，用环氧树脂掺锯末填充。

阑额、普拍枋的加固施工必须保证构件原外形尺寸不变，保证加固后的构件整体受力，保证施工中对彩绘的影响降低到最小限度。具体的施工单位应在施工前编写详细的施工方案，特别是施工过程中搬动构件时，需有切实可行的方法，并需征得有关专家的认可后，方可施工。阑额的拆卸、加固、安

装，要逐一进行，以防柱失去左右拉结，产生位移。

待阑额、普拍枋、斗栱等构件检修归位后，再安装梁架、槫枋、橡望等。安装构件时，要对所有构件的榫卯、外观尺寸、残损程度、残损部位逐一详细排查，不能满足安全使用的构件，需加固后方可使用。具体加固方法由专业人员与经验丰富的木工师傅协商，不同部位采取不同的加固方式。但最终结果必须保证安装后的构件标高尺寸、构件原始搭接的方式、构件安装的位置，与原状相同。

（2）屋面漏雨

将已全部拆卸的屋面按传统工艺重新做苫背、挂瓦、走脊、安吻等。屋面做法按传统工艺，苫背分层依次为：勾抹望板缝→护板灰→苫麦秸灰背（均厚100mm）→苫白灰背（均厚50mm）→3∶7（灰∶黏土）掺灰泥挂瓦（图2-17）。

（3）地面铺砖破损和沉降

增配台基土衬石以增强其抗沉降能力。将破损的铺地砖剔除（图2-18），按原尺寸重新铺设。低于原标高而积水的铺砖，损坏者剔除，完整者按原位置用1∶3白灰砂浆垫起铺平，并做出原泛水坡度。

（二）方案设计图纸

因本书篇幅有限，文字部分不再赘述，仅选取部分方案设计图示例。

1. 关帝庙大殿平面图（见精准测绘图10）。

2. 关帝庙大殿南立面图（见精准测绘图11）。

3. 关帝庙大殿北立面图（见精准测绘图12）。

4. 关帝庙大殿东立面图（见精准测绘图13）。

5. 关帝庙大殿明间横剖面图（见精

图2-17（左）
屋面修复前苫背

图2-18（右）
大殿室内修复前地面

准测绘图 16）。

6. 关帝庙大殿纵剖面图（见精准测绘图 18）。

7. 关帝庙大殿铺作详图（图 6-15~图 6-20）。

关帝庙大殿修缮工程勘察设计及方案设计工作自 2007 年 7 月开始，10 月结束，历时 4 个月，完成《关帝庙大殿修缮工程现状勘察设计文件》与《关帝庙大殿修缮工程方案设计文件》的编制工作。

第二节
工程施工图设计

2009 年 11 月 5 日，国家文物局以文物保函 [2009]1318 号对《关于广饶关帝庙大殿抢救性维修保护方案》进行了批复。经国家文物局专家研究，原则性同意所报维修方案，并提出以下意见对维修方案进行补充、调整：1. 现状实测图，结构变形量化分析，上檐梁架错位、歪闪的方位和相关数据，屋顶渗漏的部位和范围以及一些图纸尺寸等方面的资料均存在不同程度的缺失错漏，应予补充。维修办法也应在补充完善上述工作的基础上，再做认真研究，有针对性地进行调整。2. 采用加载使普拍枋回弹的方法不可取，应予调整。3. 同意所提总体保护规划思路。请抓紧组织制订关帝庙总体保护规划，按程序另行报批。

一、施工图设计文件的编制理念与原则

在《关帝庙大殿修缮工程现状勘察设计文件》与《关帝庙大殿修缮工程方案设计文件》和国家文物局批复意见的基础上，山东省文物科技保护中心的设计人员开始对方案设计图纸进行修改补充，编制《关帝庙大殿修缮工程施工图设计文件》。施工图设计文件包括设计说明书、施工图图纸与施工图预算三部分。

《关帝庙大殿修缮工程施工图设计文件》的编制始终坚持科学的文物保护理念，严格遵循《中国文物古迹保护准则》中"不改变文物原状"以及最小介入、可逆性、可再处理性、可识别性等原则，主要体现在以下几个方面：

（一）鉴于关帝庙大殿已经过多次维修，修缮时注意保存重要的历史信息

关帝庙大殿自肇建，历代修缮，留下了不同时代的历史信息。在制定修缮方案时，充分考虑到建筑本身历次修缮痕迹的甄别比较与分析，针对关帝庙大殿经历次修缮造成的不同情况，进行区别妥善的处理，注意保存重要的历史信息。而与建筑的原有风格、材料做法相悖的，在经过充分调研论证后可适当予以去除，以保证所修缮的建筑恢复到一定历史时期的状态，保证其"真实性"。在本次修缮方案制定中，原有的完好旧件予以保留，修补加固残损脱釉程度低

且文物利用价值高的瓦件、兽件以继续使用，把破损脱釉严重的瓦件、兽件替换成按清代遗存的旧件原样，以传统工艺定做的瓦件、兽件，缺损件的添配也是按相应遗存的旧件原样以传统工艺定做。

（二）特殊修缮原则的利用

在制定关帝庙大殿修缮方案时，有些特殊情况的处理也以保护文物建筑为目的，充分权衡利害，做出相应妥善的处理。例如，由于关帝庙大殿经过数次修缮，其构件尺寸、檐出尺寸、收山尺寸等系历史形成，应以原构件的实际大小为依据进行修缮，少数隐蔽构件可根据安全需要加以补强，但不宜参照宋《营造法式》或《清式营造则例》的做法对构件尺度进行大调整。再如，1997年维修时因趴梁长度尺寸不足，直接安在了山面正心槫里侧的后加的垫板上，改变了原有结构与受力状态。施工图设计中决定这次修缮取消1997年维修时所增加的垫板，恢复了原有的合理结构。

（三）选用修缮材料与构件应以保护文物安全为前提，注意修缮操作应符合文物保护的操作规范

在制定关帝庙大殿修缮方案时还特别要求，不论是替换、修补或添配构件，所选用的材料必须以保护文物安全为前提，所采用的修复措施应遵循最小介入、可逆性、可再处理性、可识别性等原则，所有修复修补操作均应符合文物保护的操作规范。在遵循文物修复原则的前提下，可采用传统与现代修补技术相结合

的方式，以达到拯救文物、延年保护的目的。所使用的材料要经过前期实验和研究，证明有效并确保对文物本身无害才能使用。修补后或新添配的构件与原有构件既谐调又具备可识别性。例如，使用环氧树脂做黏结材料前做配合比实验，以保证黏结力持久并确保对文物构件无害；更换的木构件材料尽最大可能采用相同树种并要测试木材含水率，以保证符合《古建筑木结构维护与加固技术规范》（GB50165-92）中要求的干燥度。再如，建筑原有的梁、柱等主要木构件不危害建筑本体安全时以墩接、剔补或包镶为主，而损坏严重失去承载作用的则进行更换，并在新更换的构件上做标识，表示该构件为此次修缮工程新添配的构件，以与旧有构件相区别。

（四）加强多专业、多工种的横向联合与协作

关帝庙大殿修缮过程中不但涉及传统的瓦作、木作、石作、油作，还涉及消防、安全防护、监控、避雷等专业，施工图设计由多专业配合协作完成，各专业人员的设计都要服从于文物建筑本体修缮方案和文物保护的原则。在关帝庙大殿修缮工程施工图设计过程中，各专业设计人员加强沟通，密切合作，既避免了专业设计本身与文物建筑本体修缮方案的冲突，又保证了各专业设计内容符合其技术规范，有效整合了修缮设计内容，加大了设计深度与广度。

关帝庙大殿修缮工程的施工图设计工作完成于2012年4月。《关帝庙大殿修缮工程施工图设计文件》确定了修缮

范围、设计依据、维修原则和目标，明确了修缮工作的总纲领和做法细则。

二、施工过程中的跟踪勘察设计与设计调整变更

因为关帝庙大殿修缮工程的隐蔽工程多、不可预见因素大，为避免前期修缮工程方案过大，对文物建筑造成不必要的修缮，除勘察时发现的明显损害和隐患必须予以修缮治理外，部分隐蔽构件的处理均未确定具体修缮措施，而是留有余地，以便随着修缮工程的深入和现场情况的变化进一步勘察发现并依据实际情况和文物保护的设计原则，对修缮方案进行补充调整和变更。重要变更必须上报文物主管部门并经批准，其他调整补充设计也需经过有关技术专家的评审论证，以保证建筑修缮质量同时兼顾节约造价和工期的要求。

关帝庙大殿修缮工程得到国家文物局、山东省文化厅和文物局、山东省财政厅、东营市文物管理处和财政局、广饶县财政局等部门的大力支持与协助，由国家文物局拨付专项资金，在有关专家指导下，于2012年4月，东营市历史博物馆开始对关帝庙大殿进行维修。屋面瓦件及椽望落架后，发现其构件的残损程度比勘察时要严重得多，屋面木构件糟朽现象因漏雨而日益加重，已处于濒危状态，必须上架落架大修。东营市历史博物馆再次邀请山东省文物科技保护中心的专家，对落架后的关帝庙大殿进行了进一步详细勘察，于2012年5月做出《广饶关帝庙大殿维修工程补充方案》，上报国家文物局并通过审批。随着修缮工程的进展，对个别大木构件的病害又有新的发现，原有的关帝庙大殿保护维修方案及维修工程补充方案需要进行小范围调整补充，于是2012年6月又制定了《广饶关帝庙大殿落架修缮工程补充方案》，并已通过山东省文物局审批。

这次修缮中的补充设计大致分为以下几种情况：

（一）对勘察时无法查清的内容，针对施工时发现的新情况进行跟踪设计

在关帝庙大殿现场勘察中，有些内容限于当时条件无法查清，落架后维修过程中，发现了许多新情况，及时进行了跟踪设计。例如：

1. 在2007年关帝庙大殿现场勘察中，柱子倾斜歪闪现象并不明显，当时屋顶与梁架下没有落架，无法查清柱子顶部倾斜情况。到2012年维修时时间已过去5年，柱子倾斜歪闪现象得到进一步详细勘察，柱网平面尺寸与竖向高差和水平调整必须进行并且要反复校验确认无误，才能保证安装梁架就位准确。于是设计人员对柱网进行了详细勘察，并做出跟踪设计。

2. 加固阑额前应先判断其稳定状态。由《木结构设计规范》（GB 50005−2003）可知，当木梁枋弯垂时，其危险程度应以弯垂尺寸与梁枋长度的比例来观察。设梁长为L，弯垂尺寸为f。当f/L=1/200时，为正常状态；f/L=1/100时，已接近危险状态；糟朽超过断面面积1/6以上时，已达危险状态。对于处于不稳定状态的阑额，调直加固后，在阑额下加截面为

12cm×12cm 的木支撑柱，以增加阑额与柱子的承接面积；对于阑额上的裂缝用环氧树脂灌缝，宽度大于 0.5cm 的裂缝，用木条嵌补严实后再灌缝，最后再箍上铁箍。为了保证木枋结合的牢固，除黏接牢固紧密外，还应多加几道铁箍，以增加阑额的强度。

（二）设计调整与变更要根据具体情况进行具体分析，以使修缮工程更加合理、完善

设计调整与变更要根据具体情况进行具体分析，重大变更需经过有关专家论证并上报文物主管部门决策同意后进行，并要做好变更记录。例如：

1. 2012 年 5 月制定的《广饶关帝庙大殿维修工程补充方案》中规定，"椽子望板更换 50%，望砖更换 70%，按原形制、原材料、原工艺，新做灰背"。为有效减轻屋面荷载，保护文物建筑，延长建筑物使用寿命，经过同设计方、监理方与甲方的协商，并上报文物主管部门决策同意，修缮方案进行了设计变更，决定对屋面木基层做出以下改动：檐下两山及下檐原使用望砖的部位不再使用望砖，全部改为使用 3cm 厚的落叶松望板，并在望板之上涂刷木材防腐剂（双面 CCA）和防腐油各一道，在檐口部位铺设油毛毡（0.9m 宽）一道，用于木基层的防虫、防腐，并对所有拆除木构件及更换木构件进行 CCA 防腐处理，以增强木构件的耐久年限。

2. 2012 年 5 月制定的《广饶关帝庙大殿维修工程补充方案》中规定，"梁架做一麻五灰地仗，外檐斗栱做三道灰地仗"。由于本工程经历次维修，更换构件规格较多，尺寸大小参差不一，构件边棱不清晰，为油饰工程的地仗处理增加了很大难度。为保证工程质量，经设计方、监理与甲方的协商，在做地仗工序中，斗栱、椽望及檐头附件在原来设计的三道灰基础上增加一道灰。

3. 对于更换梁架部分构件的新木料，原来的设计要求是尽量使用同种木材或国产红松、落叶松。但经过市场考察，同种木材或国产红松、落叶松的长度和直径都达不到使用要求，经设计方、监理与甲方的协商，并上报文物主管部门同意，设计变更为采用花旗松制作，并做好标识及变更记录。

广饶关帝庙大殿修缮工程施工过程中的跟踪勘察设计与设计调整变更工作，在各方专家的科学指导及建设单位、设计单位与监理单位的精诚合作与积极配合下顺利进行。这表明设计工作不以施工图设计文件的编制作为最终目的，而是在此基础上对工程修缮进行有依据、有重点地跟踪勘察与设计，实现科学的、动态的、适宜的设计，以保证修缮方案实施的科学性、准确性、时效性与延续性，最终保证修缮工作的协调开展，圆满实现修缮目标。

第三章

工程项目管理

第一节

建设单位的工程项目管理

一、管理机构及程序

2007 年 7 月，东营市历史博物馆委托山东省文物科技保护中心设计编制了《广饶关帝庙大殿维修保护方案》，上报至国家文物局。2009 年国家文物局以文物保函 [2009]1318 号文对该方案下发了批复意见。2012 年 2 月，东营市历史博物馆经过招标确定曲阜市三孔古建筑工程管理处为维修工程施工单位，2012 年 4 月，施工队根据设计方案进行了关帝庙大殿维修脚手架搭设和前期施工准备工作。

广饶关帝庙大殿维修工程为国家重点文物保护维修工程，完全按照传统做法、传统工艺进行施工，涉及不同工种间交叉作业，且施工中的不可预见因素较多，所以施工过程中进行统一、科学地协调与管理非常重要。为此工程指挥部根据工程特点和实际情况，要求施工单位实施分部、分项工程之间，工序、工种之间的立体交叉作业和流水施工。工程指挥部工程人员及监理单位监理工程师现场巡视，发现问题及时处理，从而提高了维修工程的施工质量，节省了施工材料，降低了工程造价，缩短了施工工期。

对于维修中重要的施工项目和工序，工程指挥部还成立了由设计单位、监理单位、施工单位、现场技术管理人员组成的专项小组，深入到工地一线，对木作、瓦作、石作、小木作、油饰等各个分项工程进行协调和管理，有效地控制了质量和进度。工程指挥部还坚持工程例会制度，对工程中遇到的难题及时进行协调解决。

关帝庙大殿维修工程工作流程图（图 3-1）。

关帝庙大殿维修工程项目组织机构职能分工图（图 3-2）。

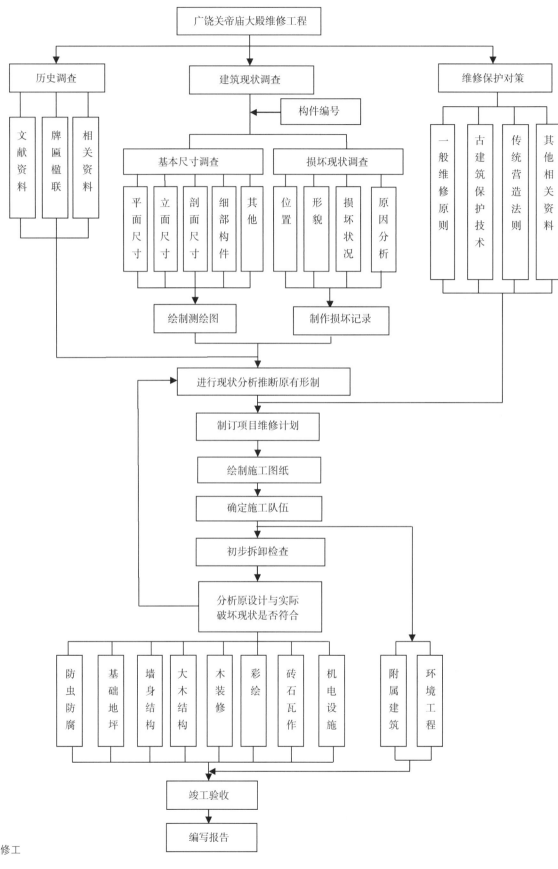

图 3-1
广饶关帝庙大殿维修工
程工作流程图

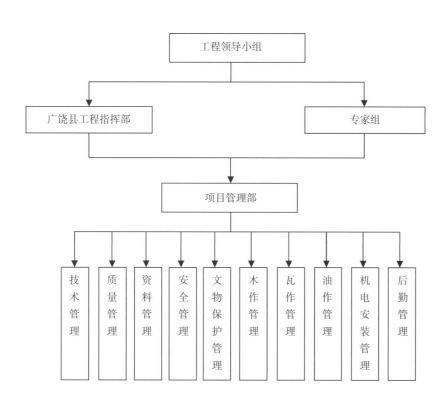

图 3-2
项目组织机构职能分工图

工程领导小组

广饶县工程指挥部　　　　专家组

项目管理部

技术管理 | 质量管理 | 资料管理 | 安全管理 | 文物保护管理 | 木作管理 | 瓦作管理 | 油作管理 | 机电安装管理 | 后勤管理

二、施工中的文物保护管理

广饶关帝庙大殿是全国重点文物保护单位，它具有极高的历史、艺术、科学和文物价值，项目管理部根据工程实际情况设立了专职安全及文物保护人员，对施工过程中的文物保护及文物安全进行全过程管理与监督，并且制订了文物安全保护制度，对施工单位的施工人员进行文物保护方面的培训与教育。

文物保护小组组织管理情况：

1. 文物安全保护小组会同相关部门对文物安全进行定期检查、确认，并做好记录。

2. 要求施工现场严格按照设计图纸指定的红线进行划定，所有的施工活动必须在规定的施工场地范围内进行。

3. 项目管理部明确了各个岗位的职责和权限，建立了各岗位的工作程序，对所有进场施工人员进行文物的历史渊源、价值、文物保护规章制度的专门培训。

4. 对专项文物保护措施实行上报审批制度，每个具体的文物保护措施都要在得到项目管理部的批准后才可以实施。

5. 在工地显著位置安放文物保护的有关标志，标志中说明文物性质、重要性、保护范围、保护措施以及保护人员名单。

6. 每周组织监理单位、施工单位召开一次施工现场文物保护专题会，根据前一周的文物保护情况及施工部位、特点布置下一周的文物工作要点。

7. 专职文保员每天对现场进行巡查，及时向项目管理部总指挥汇报检查结果。

8. 建立了科学的文物保护记录档案：①文字资料：对现状的准确描述，对保护情况和发生的问题做好详细的记录。②测绘图纸：做好对文物现状的测绘，标注地理位置、平面图、保护范围图等各部位的关系。③照片：包括文物的全景照片，各部位特写，重点保护部位的照片。

三、施工中的安全防卫管理

关帝庙大殿为木结构建筑，同时其周围古树名木较多，防火及安全防卫工作极为重要，项目管理部在施工中将防火工作及安全防卫工作列为重点工作。在施工过程中严格贯彻"预防为主，防消结合"的消防方针，结合关帝庙大殿施工中的实际情况，加强领导，建立了逐级防火安全责任制，要求施工人员进入施工现场禁止携带火种，确保施工现场消防安全。

组织管理上成立防火安全领导小组，以项目管理部总指挥为组长，监理单位及施工单位负责人为成员。要求各实施单位设专职安全防卫人员，专门负责安全防火及保卫工作。项目管理部与监理单位及施工单位负责人签定安全生产责任书，将安全防卫工作落实到人，确保了施工现场的安全防卫工作不出任务纰漏和事故。

施工现场管理上，在施工现场明显位置设灭火器材及工具，设置8组，每组两个5公斤干粉灭火器、铁锹等灭火工具，设专人管理并定期检查确保设备完好，任何人不得随意挪动，做到了"布局合理、数量充分、标志明显、齐全配套、灵敏有效"。

提高施工人员的消防安全意识，落实逐级防火岗位责任制。现场严禁吸烟，发现吸烟者一律进行处罚。现场消防负责人定期进行防火检查，加强昼夜防火的巡视工作，对施工现场不定期检查，发现火险隐患问题及时进行解决。

在油饰施工过程中，要求施工人员擦桐油、清油、灰油、汽油、稀料的棉丝、布、麻头和油皮子等易燃物不得随意乱丢，必须随时清除，并及时清运出现场妥善处理，防止造成火灾、火险。电气设备和线路必须绝缘良好，遇有临时停电停工休息时，要求施工单位必须拉闸加锁，避免电气设备严禁超负荷使用，配电室、配电箱旁严禁放置材料、杂物及易燃物品。

安全制度管理方面，严格执行安全生产责任制，现场建立协调统一的安全管理组织机构，按照施工进度和施工季节组织安全生产检查活动。分部工程施工前，项目部编写《分部工程人员进行安全施工作业措施》。在分项工程施工时，要求施工单位对施工人员进行安全施工交底，严格执行安全施工管理制度。

施工措施方面，严格要求施工单位脚手架的搭设必须按照规范进行，脚手板务必固定铺严。脚手架与建筑物拉接牢固，并三面立挂小眼安全网，安全网下口应兜过脚手板下方封严。架子组装好以后，由施工负责人和有关人员进行验收、鉴定，合格后方能使用。架子投入使用后，任何人不得拆改架子和挪动架子上脚手板，因施工需要改动，须经施工负责人批准，架子工负责操作。施工过程中采用流水作业施工，针对夏季雨多的气候特点，遇到恶劣天气时，禁止施工单位现场作业，同时要求施工单位将架子固定好。恢复施工时要求施工单位全面检查架子，确保脚手架安全使用。在晾背时提前准备好防雨布，阵雨到来时及时对正在施工和敞开的建筑及材料进行遮盖，同时组织施工人员及时躲避，防止雷电和冰雹对人体造成伤害。

现场施工用电方面，临电工程严格按照建设部颁发的《现场临电安全技术规范》执行，由专业技术人员负责管理，线路及供电设备安装后按照规范进行验收，合格后方可送电使用。施工用电为三相五线制线路，采用标准为《建设工程施工现场供用电安全规范》（GB50194-93)，配电箱实行专人专箱管理，配电箱按要求进行上锁。移动式配电箱下严禁直接牵线使用电源，使用插座插头相连接的办法。大型设备在连入专用保护零线的基础上，实行重复接地。用电施工，按照施工用电方案组织进行。各类配电箱、开关箱要求外观完整、牢固，防雨、防尘，箱体涂刷安全色，并进行了统一编号。各种小型工具的使用，如：电锯、砂轮机、电钻等，均严格按照各自的规程、规定进行操作。要求施工单位现场动用电气焊时，要遵守操作规程，搞好自我防护，防止烧烫伤，严格遵守消防制度，对易燃物品应预先防护或移开。

安排专人加强现场机电设备的巡视工作，发现问题及时处理或上报，确保机具的使用完好率和用电的安全。对参加现场施工的特种作业人员（包括电工、架子工、机修工等）必须持有特种作业上岗证，并佩戴各工种相应的劳动保护用品。各种设备、材料要经常检查其安全性能，保证使用的安全性、有效性。

要求施工单位在施工现场的出入口、施工通道口等均按有关规定搭设防护装置，以防止坠物伤人。要求施工现场严禁吸烟，严禁明火作业。当必须进行明火作业时，应在项目管理部办理动火手续，并设专人看管，方可进行。在施工区域设置安全警示标语、标志，在施工现场均设有安全施工标牌。

同时建立了完善的安全生产档案，内容主要包括：安全生产责任制及检查考核情况，安全教育记录，特殊工序、新技术、新工艺、安全技术保证措施，安全技术交底，特殊工种培训及考核计划和实施情况，安全检查记录，大型机械和特殊工程安全验收单，工伤事故档案等。

第二节

监理单位的监督管理

一、监理工作的范围及工作内容

委托具有文物保护工程监理资质的山东科正工程项目管理有限公司进行关帝庙大殿维修工程监理工作，其工作内容主要是：监理人员在业主方的授权范围内，依据关帝庙大殿修复工程委托监理合同、施工合同、设计文件以及国家相关的法律、法规、技术规范、验收标准等，对文物建筑工程项目在施工阶段、保修阶段实施质量控制、进度控制、投资控制、合同管理、文物及人身安全管理、信息资料收集整理以及协调各方关系的工作，最终实现监理目标，使关帝庙大殿维修工程顺利实施。

二、项目监理组织机构的组织形式

项目监理组织是工程建设监理重要的现场职能组织机构，是监理公司驻施工现场的确保建设工程在实施过程中有效地开展监理工作、实现监理工作目标的组织机构。根据关帝庙大殿的工程规模、工程特点、建设的委托范围和内容，监理公司成立了关帝庙大殿维修工程监理项目部，对关帝庙大殿维修工程项目实施全面监理工作。

关帝庙大殿是国家级重点文物保护单位，是重要的文物保护局部落架修复工程项目，受到国家文物局、省文化厅、省文物局以及广饶县人民政府和广饶县文物部门的高度重视，同时受到国内专业人士的高度关注。监理公司结合工程建筑结构、建筑形制的特点以及实际工作需要，安排了能适应现场工作需要的专业监理人员，组建了一个高效、精干、务实、团结的项目监理机构。项目监理机构设总监理工程师一名，长驻现场专业监理工程师三名。

三、监理工作制度

在工程实施过程中为了更好地履行关帝庙大殿维修工程中监理工作，确保能够顺利地实现监理工作目标，完成关帝庙大殿维修工程的监理工作，监理人员在实施监理工作过程中，实行了以下监理工作制度（图3-3）：

1. 图纸会审制度

2. 设计技术交底制度

3.《施工组织设计》报审制度

4. 工程开工报审制度

5. 材料、构配件、设备报审制度

6. 各工序质量报审制度

7. 隐蔽工程验收制度

8. 监理工地例会制度

9. 监理月报制度

10. 工程变更制度

11. 工程阶段性验收制度

12. 工程竣工验收制度

四、质量控制

按照设计要求，根据关帝庙大殿建筑结构和建筑形制特点，监理人员在施工阶段监督施工单位严格按照已批准的施工组织设计（方案）实施，根据施工

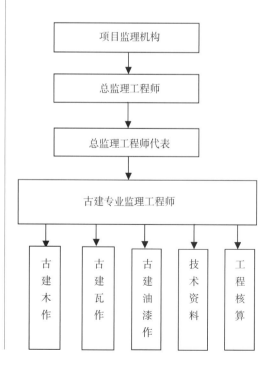

图3-3
项目管理组织机构图

图纸和设计补充文件的具体要求，针对不同的建筑部位、施工工艺和文物建筑构件而采取相应的质量控制方法和措施，并重点检查原材料的质量以及各工序部位的施工工艺和操作流程。

（一）施工材料的质量控制

工程质量的优劣，首先取决于材料的好坏，为此，监理人员针对施工单位提供的材料供应计划，认真审核各类产品的合格证明和相关数据。

1. 砖料的质量控制

在使用砖料前，监理人员按照砖料进场的批次、品种以及每次进场的数量，分别对砖料进行了见证抽样、送样复试其主要性能指标和强度指标，符合规范要求时方允许施工单位使用。

2. 木材的质量控制

按照设计图纸要求，木构架（柱、梁、枋、榑、椽望、斗栱等）所用木料材质要求较高，含水率不超过 15%，而且各个部位的木构件所用材质不同，进场的木材有红松、落叶松、花旗松，监理人员在每批木材进场前，检查每批木料的运输证、植物检疫证是否齐备，木料的材质、规格是否符合设计要求，对于符合要求的，签证“工程材料报审表”并允许其进场（图 3-4）。

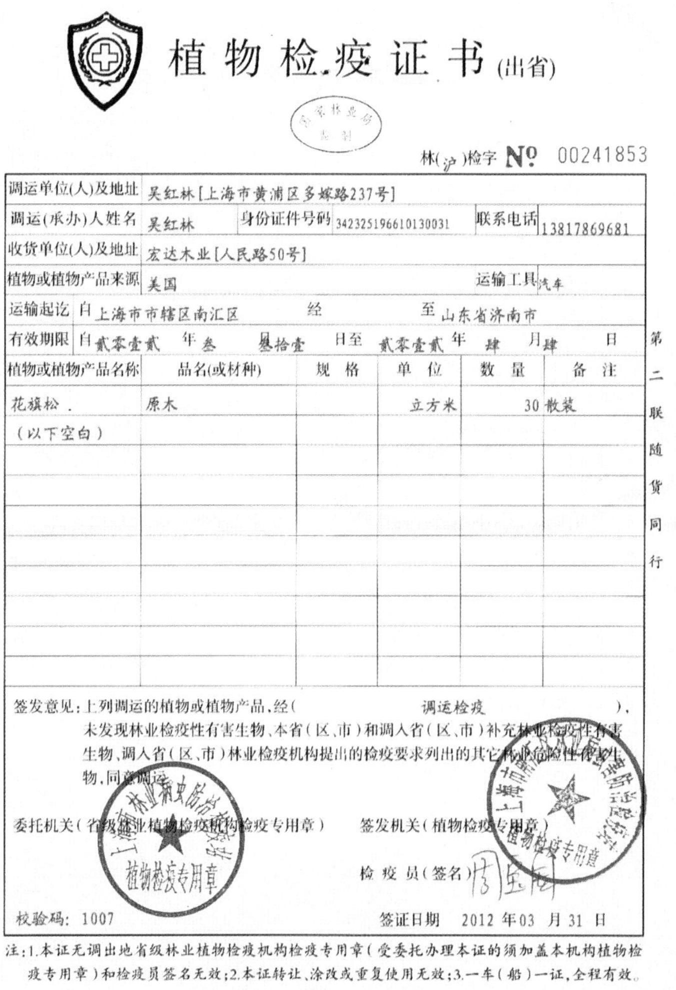

植物检疫证书(出省)

林(沪)检字 №　00241853

调运单位(人)及地址	吴红林[上海市黄浦区多嫁路237号]				
调运(承办)人姓名	吴红林	身份证件号码	342325196610130031	联系电话	13817869681
收货单位(人)及地址	宏达木业[人民路50号]				
植物或植物产品来源	美国			运输工具	汽车
运输起讫	自 上海市市辖区南汇区	经		至 山东省济南市	
有效期限	自 贰零壹贰 年 叁 月 拾壹 日至 贰零壹贰 年 肆 月 肆 日				
植物或植物产品名称	品名(或材种)	规　格	单　位	数　量	备　注
花旗松	原木		立方米	30	散装
（以下空白）					

签发意见：上列调运的植物或植物产品，经（　　调运检疫　　），未发现林业检疫性有害生物、本省（区、市）和调入省（区、市）补充林业检疫性有害生物、调入省（区、市）林业检疫机构提出的检疫要求列出的其它林业危险性有害生物，同意调运。

委托机关（省级林业植物检疫机构检疫专用章）　　签发机关（植物检疫专用章）

检疫员（签名）

校验码：1007　　签证日期　2012 年 03 月 31 日

注：1. 本证无调出地省级林业植物检疫机构检疫专用章（受委托办理本证的须加盖本机构植物检疫专用章）和检疫员签名无效；2. 本证转让、涂改或重复使用无效；3. 一车（船）一证，全程有效。

第二联随货同行

图 3-4
材料检验检疫证书

3. 屋面瓦件材料的质量控制

瓦件质量的好与坏直接影响到整个文物建筑屋面质量及整体风貌，因此在施工过程中，监理人员与建设单位技术人员、设计单位人员对施工单位的瓦件供应厂家进行了实地考察，要求施工单位按照设计、业主、监理三方认可的瓦件样品购买进场。

新添配的琉璃瓦在进场前，检查瓦件的出厂合格证明及其材质、规格、色泽是否符合设计要求，以及原型制作法规格等，对于符合要求的瓦件，方允许其进场使用。

按照设计要求，屋面苫背、铺瓦材料采用传统材料，在黄土、麻刀、石灰等材料进场前，监理人员严格检查这些传统材料的材质、性能、规格等指标是否符合设计要求，对于符合要求的黄土、麻刀、石灰等材料方允许进场使用。

4. 防虫防腐材料的质量控制

按照设计要求，木结构构件、木装

修构件、建筑地基基础、墙体以及院区内环境均进行防虫防腐处理。监理人员重点对防虫防腐材料（CCA、毒死蜱、10%氯菊酯乳油、桐油等）进行质量控制，严格检查防虫防腐材料出厂质量检验证明、出厂合格证、环保合格证等是否齐全，防虫防腐材料的品种、性能是否符合设计要求，对于符合要求的防虫防腐材料，方允许其进场使用（图3-5）。

（二）施工质量控制

在施工过程中，监理人员监督施工单位严格按照设计文件、施工图纸、已批准的施工组织设计和各种专项技术方案实施。检查施工单位每道工序的施工程序是否正确、合理，是否满足施工工艺要求，并监督其实施。结合复圣殿修复工程的实际情况，在脚手架搭设，构件的编码、拆卸、码放、清理，木构件的墩接、修补、粘接，木构件的更换、补配，校正大木构架，拆卸构件的复位、安装，墙体修复、粉刷，木装修复、补配、

图3-5
工程采用的木材防腐剂

油漆彩画，地面铺墁，石构件补配、安装等分部分项工程施工中，监理人员要求施工单位编制出了详细的专项技术方案，并监督施工单位按照批准的专项技术方案进行实施。

监督施工单位在施工过程中做到先报验后施工，未经监理人员检查认可，严禁进入下道工序，严把程序控制关，进行质量控制。严格按照施工程序质量控制的同时，重点对以下质量控制内容进行监控：

1. 拆卸工程的质量控制

（1）在施工单位拆卸前先检查用于登记造册的表格准备好没有，是否符合要求。检查构件编号是否正确，用于编号的小木牌是否钉在合适位置，是否牢固，合格后同意拆卸。检查在拆卸过程中的记录是否正确，是否有错记、漏记或多记现象。

（2）现场监督施工单位拆卸脊饰、琉璃筒瓦、板瓦构件，要求将编号写在隐蔽的地方，拆卸要稳当，防止脊饰构件表面的釉被碰坏，脊饰构件拆下后，要求施工单位进行清扫并要求按原次序摆放整齐以备后用。

（3）现场监督施工单位拆卸灰背、望砖，要求拆的时候注意周围的环境，防止灰尘飞扬，必要时洒水来控制灰尘的飞扬，望砖拆下后进行清扫并要求按型号码放整齐以备后用。

（4）现场监督施工单位拆卸木基层，要求施工单位拆木构件时使用撬杠要稳当，支点要牢固，不准盲目乱撬以防文物构件损坏，拆下后进行清理并要求按型号按次序码放整齐以备后用。

（5）现场监督施工单位拆卸走马板、牌匾等构件和其他装饰性构件，要求施工人员稳拆稳放以防构件损坏，确保文物构件的安全。

（6）现场旁站监督施工单位拆卸斗栱，要求每个构件都要进行编号，编号写在小木牌上钉牢在构件上，要求施工人员稳拆稳卸，避免用力过大撬坏斗栱构件，拆下后要求及时清扫并按次序摆放准备整修。

（7）监督施工单位拆卸大木构件柱、梁、槫、枋等的拆卸工作，要求每一个构件都要加强保护，每个榫卯都要保护好，拆下后进行清理按型号、按次序码放整齐以备后用。

（8）监督施工单位拆卸抱柱的下碱墙和墙体，稳拆轻拿清扫后按编号次序码放整齐以备后用。

2. 砌体工程的质量控制

（1）在施工单位铺设地面3∶7灰土前，严格检查3∶7灰土配合比的比例是否合格，搅拌是否均匀，干湿度是否合适，夯实后是否密实，表面是否平整。

（2）施工单位对立柱粉刷时严格检查白灰膏和麻刀配合比、搅拌是否均匀、底灰和泥是否粘接牢固、表面麻刀灰是否平整、无空鼓和开裂现象。

（3）审核施工单位用所选用铺墁用地砖的规格、尺寸、材质是否符合设计及规范要求，旁站监督施工单位的地砖铺墁过程，要求达到掺灰泥饱满、顶面标高一致。

（4）墙体补砌前，对砖料的规格、尺寸、色泽进行检验，严格监督施工单位对砖料进行加工，保证表面、棱角平整、

光滑，要求组砌方法正确，与老墙体连接吻合，墙体表面平整洁净。

3. 木结构工程的质量控制

（1）梁、枋、桁类构件

①梁、枋、桁类构件施工前，对原料材质进行检查，确定符合设计要求后允许进行材料加工程序。

②严格检验构件加工完成后的截面尺寸，保证设计断面要求。

③检查各构件榫卯节点制作方法、规格、尺寸是否符合设计要求。

④梁、枋、槫类构件制作完毕后，监理人员现场监督构件的搬运、吊装、安装工序，要求施工单位采取保护措施，避免破坏两端卯口。按照设计图纸复核构件轴线、标高，测量各构件的水平、垂直距离，符合设计要求后才允许进行下一道工序施工。

（2）椽子、连檐、板类构件质量控制

①旁站监督施工单位进行椽类构件的加工及制作，严格按照设计图纸检验椽类构件的直径尺寸。

②旁站监督飞椽与檐椽的搭接部位的施工工作，检验外挑椽头尺寸，要求符合设计图纸和施工规范。

③巡视检查椽子、连檐、板类构件制作与安装过程，发现问题及时同施工单位提出并解决。

（3）斗栱的质量控制

①检查斗栱各种构件的材质是否符合设计要求。

②检查加工的斗栱构件与原构件是否相似，成品件是否符合设计要求。

③检查加工的翘、昂、耍头与原

构件是否相一致，成品件是否符合设计要求。

④检查斗栱各分件糟朽轻微的挖补加固是否符合设计要求。

⑤旁站监督斗栱的安装过程，检查每层与之相联接的木构件是否牢固，符合设计要求后允许安装上一层构件。

（4）木装修构件质量控制

①严格检查施工单位进场的用于木装修构件制作的各种原木料、板枋材（落叶松、红松等）的品种、规格及外观质量是否符合设计和规范要求，对各种原木料、板枋材（落叶松、红松等）进行取样、送样复试以及做木材含水率测试，各种原木料、板枋材的材质及含水率符合设计和规范要求的方能使用。

②检查施工单位对各种木装修构件的加工制作，着重检查施工单位的制作工艺和木装修构件的形制是否与原有的工艺和形制相符，是否符合设计和规范要求，检查各种木装修构件制作的规格尺寸和榫头、卯口尺寸是否符合设计和规范要求。

③检查施工单位在施工现场对各种木装饰构件进行搬运、预组装以及正式安装，检查施工单位对各种木装饰构件安装后的尺寸、标高是否符合设计要求，检查各木装饰构件安装后的垂直度、平整度以及榫头、卯口间隙等情况是否符合规范要求。

4. 屋面工程的质量控制

（1）严格检查施工单位进场的用于屋面苫背拌制的各种原材料的品种、规格、色泽等外观质量是否符合设计和规

范要求，旁站监督施工单位按照设计要求的苫背混合材料配合比，计量各种原材料的用量并进行现场搅拌。

（2）检查施工单位按照设计要求的厚度进行屋面苫背的施工，着重检查施工单位进行屋面苫背施工的工艺是否符合设计要求和传统做法，检查施工单位对屋面苫背施工后的养护、防护和"晾背"过程，屋面苫背养护、"晾背"后的外观质量是否符合规范要求。

（3）严格检查施工单位进场的琉璃瓦以及吻、兽烧制件的品种、规格、型号、色泽等外观质量是否符合设计和规范要求。重点检查施工单位是否按照设计要求进行屋面的施工，瓦屋面施工的工艺是否符合设计要求和传统做法，瓦屋面铺装的表面平整度、瓦垄的顺直度、瓦垄的均匀度以及捉节、夹垄灰的厚度等是否符合设计和规范要求。发现问题及时进行了整改，保障了屋面施工质量。

检查施工单位按照设计要求进行琉璃瓦屋面吻、兽的安装，吻兽的安装位置、数量、间距、高度以及表面顺直度、垂直度等是否符合设计和规范要求。

5. 油饰工程质量的控制

（1）检查施工单位用于油饰的原材料是否符合设计要求。

（2）重点对桐油熬制和油灰的配制过程进行监督，检查原料配制是否符合设计要求和传统做法，经监理人员检查合格后同意进入下道工序。

（3）现场检查施工单位砍活是否符合规范和设计要求。

（4）检查施工单位配制的汁浆是否

符合传统做法的配合比例，检查木构件是否涂刷均匀，有无漏刷，符合设计与规范的要求后同意进行下道工序。

（5）现场检查施工单位捉缝灰前构件表面及缝内的灰尘是否清扫干净，做过捉缝灰后有无漏缝和塌陷缝，经监理人员检查符合设计与规范的要求后同意进行下道工序。

（6）现场监督施工单位的一麻五灰地仗和三道灰地仗工序是否符合设计要求，发现问题及时进行了整改。

（7）监督施工单位油饰工程的刷油工序和成活是否符合设计要求和传统做法，检查油饰表面有无流坠、空鼓现象，油饰成活后表面是否洁净，经监理人员检查合格后同意验收。

五、工程进度控制

工程进度控制流程图（图3-6），总监理工程师组织专业监理人员审查施工单位报送的施工组织设计及各种技术、安全方案，根据施工合同约定的工期，审查施工单位编制的总进度计划的合理性，不符合要求时及时提出修改意见，要求施工单位及时补充完善，使其具有可操作性，在实施过程中能够起到指导工作的作用。

监理人员严格按照审批过的工程施工总进度计划的内容，审核施工单位每月报审的月进度计划；根据月进度计划的内容，审核施工单位每周报审的周进度计划。督促施工单位将工期目标层层分解，工作内

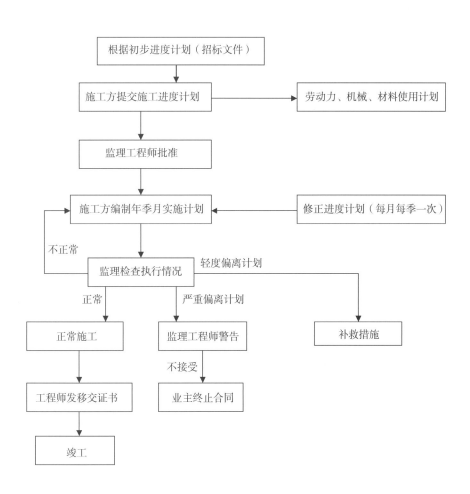

图 3-6
工程进度控制流程图

容逐步细化，使工作目标越来越明确，分工越来越合理，便于其实际操作和控制。

对现场存在的施工工序不协调情况，及时与建设单位及施工单位沟通，采取相应补救措施，调整施工方案，加快施工进度。

根据各级进度计划的编制内容，检查和对比施工单位在实际实施过程中实际完成量与计划完成量，并在每周的工地例会上公布施工单位每周进度计划的检查和对比情况。当出现周进度目标偏差时，及时要求施工单位采取措施调整和纠偏，尽量在本月内将每周的进度计划偏差予以纠正，保证月进度计划的正常实施。

六、安全管理

在关帝庙大殿修缮工程正式开工前，监理人员督促施工单位项目部组织机构定期组织施工人员学习《文物保护法》、《文物保护法及实施细则》、《文物保护工程管理办法》等，提高施工单位全员文物保护的意识。监理人员严格审查施工单位编制的《施工组织设计》中安全管理体系是否健全，检查施工单位现场保护文物及人身安全的各项措施和设施是否齐备、到位，对于符合要求的，总监理工程师予以批准实施。

关帝庙大殿修缮工程实施过程中，监理人员督促施工单位项目部定期组织施工人员学习有关安全生产的法律、法规及消防安全知识，促使施工人员提高对安全生产的认识，对自身和他人生命的珍惜。工程实施过程中，严格检查施工单位项目部内特殊作业人员的岗位证书，严禁无证上岗。严格检查施工单位现场的安全管理制度是否建立健全，并监督其严格实施。

定期检查施工单位项目部对施工人员定期进行的文物及人身安全教育情况，并要求其报送对施工人员安全教育的会议纪要。在工地例会上公布每周对施工单位施工现场安全及文明施工的检查情况，及时指出和纠正施工单位施工现场存在的安全隐患及不文明施工的行为，督促施工单位加强安全管理力度。

第四章

大木结构修缮施工技术

第一节
大木作前期勘察与施工准备

一、勘察与记录

（一）木构架修缮过程再勘测与记录

此次关帝庙大殿大修前对大殿整体进行了详尽的勘察研究和测绘设计，深入全面地了解掌握了不同时代建筑构件信息及细部特征，对建筑全貌和各部位分别拍下完整的录像和照片资料。逐一检查木构件的完好情况和损毁程度。分别对残损、劈裂、炮击受损、折断、缺失等构件记录在案，作为研究资料和维修加固的依据。

此外，由于在维修过程中不断发现新问题，因此在大木拆卸、修配、加固、安装等全部过程中又对所有建筑构件尺寸重新做了实测，绘制了草图，并分别摄制了施工影像和照片，装订整理成册，作为修缮工程重要的文物保护科技档案永久留存。

（二）修缮范围的更改与确定

根据国家文物局批准的《广饶关帝庙大殿保护维修方案》（文物保函[2009]1318号），关帝庙大殿维修工作于2012年4月全面展开。在屋面瓦件及橡望后，又对关帝庙大殿进行了详细地补充勘察，发现屋架木构件的实际残损程度比2007年勘察时要严重得多。东营市历史博物馆再次邀请省文物科技保护中心专家，对关帝庙大殿进行了详细勘察补充设计，并做出补充方案上报国家文物局。

二、木构件编号

此次关帝庙大殿大修前首先对所有大木构件，包括斗栱及其分部件进行了统一编号，将各木构部件分别按编号标注于草图上，为随后的拆卸、修配和安装归位工作做好充分准备。

关帝庙大殿建筑构架由数以万计的构件组成。因其安装部位、功用不同，其名称各异，但其形制、规格则多有相近。为减少在拆卸、运输、修配和安装过程中造成混乱和偏差，采取了构件编号的方法来推进维修工程进展。具体做法包括：

1. 对于数量较多的重复或类似构件，如椽子、槫枋等，以大殿东南角为起点，将其分层次，沿逆时针方向依次绕周编号登记；

2. 斗栱部件采用分构件钉牌方式进行编号；

3. 大木构件在隐蔽处直接书写其位置与名称。

构件拆卸时须将草图与构件上的号码或名称一一对应、记录再进行拆卸，拆卸后按照相应编号妥善保管。

三、构件保全与存放

（一）过程构件保全

工程是一项既复杂又细致的工作，由于主要靠人工在有限的场地内对纵横交错的构件进行倒链、撬杠等操作，工人在拆卸操作过程中极易造成构件的损伤，因此拆解构件需要细致和耐心，操作过程用力要均匀，构件撬起要缓慢，以防构件榫卯拆损，在构件移动、搬运、修配、加固过程中，注意轻拿轻放，防止人为的磨损和碰撞。

木构过程按照水平构件的叠落关系，自上而下依据编号顺序逐层拆卸。木构件的拆卸顺序则按榫卯搭接关系决定先后。拆卸工程中技术人员全程跟踪记录、测量、勘察。为避免拆卸和运输中对木构件及其彩画不必要的损伤，主要采取了以下措施：

1. 对五架梁、由额等大型构件尽量不拆卸运至地面修复，采取原地搭承重架子，在承重架子上进行维修加固；

2. 对能够整组拆卸的构件，如斗栱，进行整体拆卸。

（二）构件存放与保管

在整个大修过程中，对于暂时拆卸下的构件，应在保管过程中尽可能避免和减少对构件的损伤。想方设法保留文物建筑的历史、艺术和科学价值。木构件拆卸前，关帝庙大殿整个屋顶首先搭起防雨大棚，地面也搭起存放各种构件的料棚，并采取有效地防晒、防风、防潮措施。拆卸下来的旧构件主要采取以下措施进行安置：

1. 留在承重架子上的五架梁、挑尖梁，采取就地保管，并定期检查承重架是否牢固；

2. 在地面存放的构件，斗栱为一组，梁枋、槫、椽望为一组，分类存放于大棚内，以方便修配加固，减少重复挪动可能造成的磨损（图4-1）；

3. 梁、枋、槫、椽望、在条石上架空存放，天花支条置于棚内架子上存放，下部可存放斗栱等构件以节约空间；

4. 一部分有代表性的构件和文物价值较高但无法继续使用的构件入库陈列保存，以供参观、研究、考证之用（图4-2）；

5. 其余无法继续使用的旧构件用于斗栱修配，构件榫头修配，剔补嵌缝，门窗藻井修补等。

图 4-1（左）
构件存放

图 4-2（右）
构件损毁情况

第二节

大木作维修加固

一、大木作维修技术

在此次关帝庙大殿维修施工工艺、技术操作中，严格按照《古建筑木结构维修与加固技术规范》进行维修。木构件修配所使用的补配材料材质和含水率均按照设计要求和技术标准执行。

（一）铁活加固

铁件物理加固方法在古建筑维修中自古就有并不鲜见。关帝庙大殿更不例外，无论柱、梁还是槫、枋都留下了历代维修中使用铁活的痕迹。加固构件的本意就是为了补强建筑结构的整体稳定性，使之延年益寿。

（二）环氧树脂加固

使用环氧树脂粘接材料，在古建筑维修工程早已被广泛应用，并且有几十年的历史，应该说环氧树脂的使用对保护木构原件发挥了很大的作用，特别是柱子加固，木构件剔补加固，斗栱部件加固等，另外也是琉璃构件、石质构件修补不可缺少的粘接材料。目前维修中采用的环氧树脂还是以前使用过的配方。在使用环氧树脂以前，我们分别选用木材、琉璃瓦件、石材做不同的材质粘接试验。具体做法是粘接构件 24 小时固化后，进行破坏试验，发现破坏点均不在原粘接处（图 4-3）。实验配合比为：环氧树脂 85.1 ：邻苯二甲酸二丁酯

图 4-3
环氧树脂实验

从明间柱子开始，由内到外逐一吊正。每校正一根柱子都立即固定在满堂脚手架上，并对柱根用生铁片垫实，避免反弹和移位。直到所有木构件安装完成并结束屋面瓦作施工，才能拆除用来固定柱子和梁架的钢管，以确保整个施工过程中，大木构架不移位和不走闪变形。

（二）下架柱子包镶

经补充勘测发现以下柱子需要进行包镶处理：

室内金柱柱根有劈裂糟朽，墙内柱子自穿插向下糟朽较重（高度达 4.13m），糟朽深度 10~13cm，柱子中心部分 30cm 直径材质尚好，决定采取剔补拼镶和环氧树脂黏结灌注处理，剔除清理糟朽柱身，采用耐腐蚀性较好的落叶松加工成与原柱身大小相同的木材进行包镶，原柱与包镶柱中间空隙采用环氧树脂黏结填充灌注，最后采用铁箍加固（图4-4）；柱头部位劈裂糟朽采用木材填充并用环氧树脂粘接加固；此外还对柱根部采用 20cm 方石进行墩接以防止柱身再次糟朽。

8.51：乙二胺 6.8。由于环氧树脂耐老化性较差，一般只用在辅助构件上，如构件修配中拼接、剔补最为常用。施工中黏结阑额榫头配合比为环氧树脂 [E-44（6101）]100：邻苯二甲酸二丁酯 10：乙二胺 10，镶补柱子，榑枋搭接配合比为：100：8：10。

二、柱子校正与修配

（一）柱网校正调整

关帝庙大殿的倾斜是这次大修的主要原因，历史上虽经多次维修，但都没有从根本上解决倾斜问题。因此柱网的校正质量是本次关帝庙大殿大修成功的关键，是从根本上解决大木构架歪闪倾斜的唯一方法。

柱子高度找平后即可依据前测量的倾斜歪闪数据对柱子进行逐一校正。校正的方法为：首先确定其基准线，采用传统铅锤悬挂垂吊找中法，先在柱础和柱根作十字分中，然后在柱头十字分中，

三、梁架修配与安装

梁架是建筑的主要骨骼，承托和传递屋顶部分的全部荷载。关帝庙大殿在历代维修中，都采用了随原形以歪就歪进行校正加固，并没有从根本上解决大木构架倾斜问题，因而对梁架造成损伤愈加严重。

施工中发现部分梁架榫头出现严重糟朽或长度不足等问题，在维修中对于

糙朽严重的榫头，采用同材质的木材按原样、原尺寸更换榫头。若木构件长度不足，在梁端榫头受剪处增加20mm厚钢板及带钢、槽钢进行加固。现场实施中，螺栓、钢板、带钢、槽钢均做防锈处理。钢板应随构件榫头的形状和尺度造型，做到与木构件结构紧密。此外其他梁架构件加固方法如下：

1. 五架梁加固

关帝庙大殿五架梁共计四根，发现的主要问题及解决方法如下：

（1）东次间的五架梁中部劈裂，并用铁担子和铁箍分别做了加固处理，分析应是清嘉庆年间大修时所为。从劈裂部位看，正是东次间中柱所顶部位，由于两端荷载受力大于中间荷载受力，因此导致中柱作用于中部造成劈裂。维修中对原加固铁件保留不变，并在原有加固的基础上再增加两道260cm×10cm×1cm钢板并用螺栓紧固。

（2）四根五架梁中三根梁头槫碗处开裂，维修中对其统一进行剔补拼接，用环氧树脂粘接。另外，五架梁梁头部位因承受较大的压力及剪力，为保证五架梁的受力，决定在梁头部位使用260cm×25cm×8cm槽钢加固，以补强梁头的受力强度。

2. 角梁加固

按照原设计方案四个老角梁需进行更换，但在过程中发现老角梁的损毁并没有达到必须更换的程度。本着更多的保留原有构件和文物历史信息的原则，决定对角梁采取以下措施：

老角梁进行维修加固后继续使用。对东南角、西北角损毁的老角梁后尾进行拼

图 4-4
室内柱根柱包镶

补，并使用钢板和双排螺栓加固，然后将老角梁同仔角梁使用螺栓紧箍一体。由于老角梁截面尺寸不符合规制，高度只有30cm，结构上存在一定的不足，为补强老角梁的承载力，在老角梁中部，斗栱后尾的撑头木上方进行支顶加固，采用10cm×10cm方木，上顶老角梁，下立撑头木之上，梁下增加斜撑木，上撑支顶立木，下撑转角正心槫，构成一个三角形支撑结构关系，以提高老角梁承重强度。

3. 踩步金的加固与调整

东西稍间踩步金分别由前后两段组成，中间部位直缝对接，接点落在中柱与两山挑尖梁的矮柱上，前后靠踩步金枋承托。拆卸踩步金时发现，上次维修中仅对踩步金对接处和矮柱前后踩步金枋使用了铁板拉接加固。考虑到踩步金自身存在的结构弱点，此次维修决定新增加辅助构件，以对踩步金进行补强加固，同时也提高了踩步金上瓜柱的稳

图 4-5
挑尖梁加支撑防止后尾
脱榫

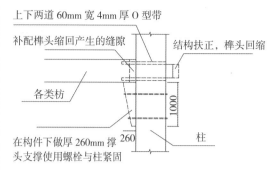

上下两道 60mm 宽 4mm 厚 O 型带

补配榫头缩回产生的缝隙

结构扶正，榫头回缩

各类枋

1000

在构件下做厚 260mm 撑 260
头支撑使用螺栓与柱紧固

柱

榫头加固示意图

定性。辅助构件采用落叶松方木，长度同踩步金，高 25cm，厚 12cm。为增加踩步金与辅助构件的接点强度，继续采用了钢板加固的方法，拆除了原来的铁板，重新加大了钢板尺寸：长 1.5m×15cm×1cm×2 块，辅助方木加固钢板长 1.5m×12cm×1cm×2 块，用 φ12 螺栓紧固（图 4-5）。

在踩步金的安装过程中还发现东山踩步金低于五架梁 6cm，经核对木构件尺寸后得出结果，五架梁底皮至中金槫垫枋底皮高度为 73cm，而东山踩步金至中金槫垫枋底皮为 60cm。为解决稍尽间出现误差尺寸，分析后采取了在踩步金下增加垫枋的方法，垫枋采用红松。通过此方法解决了稍尽间原来下沉的病态，恢复了正常的水平构架。

四、枋类修配与安装

（一）枋类修配

1. 阑额修配

阑额的残损主要是榫头劈裂、糟朽，造成阑额下沉，拼接的阑额银锭榫松动朽坏。维修中更换了东山南阑额和西山南阑额。其中下檐东山阑额原本计划继

续使用，拆除普拍枋后发现，阑额是拼合而成，用银锭榫连接。此外燕尾榫朽坏。考虑阑额存在的安全隐患，决定更换阑额，采用整料红松替代，原阑额暂存安全地方保管。后西次间阑额劈裂糟朽，采用红松替代。

2. 普拍枋修配

关帝庙大殿普拍枋普遍受压变形、弯曲，对变形较大的普拍枋卸荷后回弹到原位的，经过剔补和拼接加固后继续使用；后檐明间、西次间普拍枋，接头全部未搭到柱头位置，拉结强度不够，因明间普拍枋长度能满足西次间尺寸，故将其调至西次间使用，明间新补配普拍枋。补配木材均采用落叶松替代。

（二）枋类加固

承椽枋加固

关帝庙大殿承椽枋普遍出现开裂，椽椀多已损伤，朽坏较重，承载力会受到一些影响。采取加固方法是，清除裂缝中的杂质灰尘，使用环氧树脂和木条粘补嵌实缝隙。对椽椀损伤部分进行剔补粘接。使用"["型钢板加固承椽枋，明间 4 道，其余各枋 3 道，钢板高同承椽枋，尺寸：宽 8cm，厚 1cm，用 φ10 螺栓紧固。在椽子安装完成后，又在椽尾安装通长红松方木固定，用钢板螺栓与承椽枋紧固一体，以提高椽尾和承椽枋的整体承载强度。

五、桁槫修配与安装

（一）桁槫修配

关帝庙大殿部分桁槫糟朽、劈裂情

况较重，尤其正心槫情况尤为严重。经过认真勘验，决定除对部分糟朽严重、已不能再继续使用的桁槫进行更换外，对糟朽较轻、劈裂的桁槫亦做保护性剔补、拼接、黏结加固处理。

共计更换桁槫7根，均选优质落叶松按原制加工；维修加固桁槫11根，修配中遵照原型制作法，结合环氧树脂和铁件补强加固。

（二）桁槫及其垫枋的加固

维修中对桁槫与垫枋进行了剔补，拼接黏结后，又分别对部分构件做了铁件加固。槫枋使用4cm×0.3cm铁箍束紧三至四道加固。还对部分梁缝搭接的槫枋使用100cm×60cm×0.5cm拉结加固，加固构件中所用铁件均先进行除锈然后刷防锈漆。

（三）扶脊木

过程中没有发现有扶脊木，疑似历次维修中缺失，此次维修为增强正脊稳定性，在安装中增加了扶脊木，扶脊木采用落叶松制作，高33cm，厚12cm。

六、斗栱修配与安装

在拆卸前已经对斗栱进行了认真的编号订牌工作，并且逐攒逐件的登记造册，拆卸中按顺序将每攒斗栱拆卸运至地面料棚内，并随时组装成攒，做到了随拆卸、随组装，以方便存放和下一步修配。在斗栱修配过程中同样修配一攒预安装一攒，以备斗栱归安时使用。在斗栱修配过程中我们主要注意了以下几点：

（一）保留斗栱的原做法特点

关帝庙大殿始建于南宋建炎二年（1128年），最近一次维修在1997年。经过历次维修，斗栱的构件做法、尺寸和用料也不尽相同。因此对每一个构件的特点都要予以认真分析。构件主要材质有：油松、大杨木、红松、落叶松、花旗松等。明代始用材多为油松，从诸多构件材质和时代特征，可以得到认证。大殿保留了较多斗栱原始构件（图4-6）。两下檐则保留的较少，大多更换为大杨木构件，这应该与清代和1934年大修的结果有关。一些斗栱构件仍保留着宋代初建时的做法，如坐斗和升斗敧的敧度，昂平出部分的雕刻起线为亦栱亦昂及假华头子的做法，而且昂与坐斗、十八斗的结合卯口都有隔口包耳做法。凡是油松材质线刻昂，其材宽均为11cm，没有线刻大杨木昂的材宽10.5cm。从以上斗栱的做法特点看到，各个时期做法都有着明显区别，修配斗栱构件中通过多观

图4-6
外檐斗栱安装

察，善于发现，才能尽量保留原有构件和做法，尤其各个时期的特征，使历史信息得到更多的保存。

（二）采用多种修配方法，尽量保存原有构件

屋面荷载等外力作用均能引起斗栱构件榫头折断、栱子变形、卯口劈裂、斗耳断落等现象。在修配斗栱部件时，对斗栱昂嘴有开裂的，用环氧树脂粘接、灌缝，用铁皮缠绕紧固，对斗栱升子开裂的、朽坏的进行拼接、粘补、剔补，材料选用红松和旧木料，对确实糟朽、劈裂、缺失的构件按原型制进行复制补齐，坐斗使用干榆木，栱子、斗升用红松和硬杂木。

这次修复中，未对下檐前斗栱进行拆卸，只对朽坏、开裂的构件采用原地修补、粘接、加固。发现东稍间很多三才升尺寸比例失调，升子平敧，比例尺寸明显不对，平敧应该高6.3cm，而实际高8.5cm，对于这种将错就错的做法，此次维修并未采取过多的干预和扰动。

（三）延用原构件局部与整体尺寸

在斗栱归安中发现，前后檐上层斗栱高度并不一致，前檐斗栱从普拍枋上皮至正心枋上皮尺寸在156.5~157cm之间，后檐斗栱高度在148~149cm之间。斗栱的水平构件尺寸前后檐相同，普拍枋上皮至挑檐槫底皮高122cm。正心槫槫径在32~34cm之间。通过测量发现，前后檐正心枋尺寸高度并不统一，前檐正心枋高32cm，后檐正心

枋高27cm。槫条两端搭在桁椀上，造成后檐正心槫与正心枋之间有8cm高空当，此次安装中使用红松木料将空当补齐，木料宽同正心枋宽度。可以看出，在过去的维修中，工匠们是利用增高桁椀来平衡斗栱前后不同高差，以达到统一正心槫高度的目的；此次大修安装中继续沿用了这种找平做法，使斗栱和其上面的桁槫在安装后高度达到一致。

殿内槅架科品字斗栱是明间承托五架梁的斗栱，前由于大木构架整体倾斜变形，造成斗栱向西整体倾斜，尤其中柱柱头斗栱向西倾斜达20cm，这次拆卸斗栱后，逐一进行了修配，更换柱头坐斗，剔补加固斗栱部件。重新归安斗栱到正心枋高度（78cm处），进行了五架梁的归安，吊装安放平稳，并检查核对尺寸无误后，继续安装斗栱上部六分头、麻叶头、撑头木等构件。

斗栱全部归安后，为防斗栱倾斜，在五架梁柱头部位，使用角铁加固，采用φ12螺栓将80×80角钢分别紧固在斗栱和五架梁上，以补强柱头斗栱的抗倾斜能力。

七、其他大木维修与加固

（一）踏脚木及草架的修配与加固

西山草架踏脚木为南北两段，五架梁以上草架柱子里皮与上金槫、中金槫加工成90°"「"形铁加固，尺寸为40cm×40cm×8cm×1cm，脊槫部位采用同样的办法在草架柱两侧与槫垫枋加固，尺寸为60cm×35cm×8cm×1cm。

（二）博风板与山花板的修配

关帝庙大殿博风板、山花板均有糟朽。东山面山花板是1934年大修时换的花旗松，直缝拼接，板厚6cm。两山博风板是1934年大修更换的花旗松，1980年大修时进行过剔补修配，板厚6cm。这次维修保留原做法不变，对朽坏的山花板和博风板分别修补添配、加固。东山剔补更换山花板16块，西山更换2块，博风板东、西山均有添配。山花板、博风板安装采用传统拳头钉和铁扒锔加固，以防板上出现裂缝或板间缝隙增大。

（三）椽子修配

在木构古建筑维修工程中，椽子是最易受损的构件，无论一般性的维修还是大修工程，椽子都是更换最多的屋面基层构件。关帝庙大殿屋面因长期受潮和雨水侵蚀，大量椽子糟朽深度达到直径的 $1/4 \sim 1/3$；此外部分椽子椽头与椽尾历经多次维修，已被钉裂，无法继续使用。因此对关帝庙大殿部分椽子进行了更换。

所更换椽子除飞椽使用较大红松木材加工外，其余檐椽、脑椽、花架椽全部使用重量较轻、耐腐性能与受力性能较好的独心杉木，且均按旧料复制（图4-7）。

椽子安装固定须用钉子钉牢，为防止椽子劈裂，首先使用电钻在椽子用钉部位打通适当钻孔，随后钉入特制传统拳头方钉或盖子。

图 4-7
檐口椽子修配

（四）其他构件安装与调整

1. 望板

上下檐两山面原有铺望砖的面积这次全部改为使用3cm厚的落叶松望板。上檐前后屋面靠近博风板位置自上而下向里通铺4m长落叶松独板，望板厚4cm，以加大屋面的整体强度。

2. 走马板

关帝庙大殿有上、中、下三层走马板，板厚1.5~2cm，直缝拼接，多已变形开裂。由于明间开间跨度大，阑额弯垂变形且下沉。本次维修中将对上层上马板和中层明间走马板更换，并增加走马板的厚度，使用红松制作，企口缝拼接，明间板厚6cm，上层其余走马板厚4cm，中、下层走马板按原有板厚修配，改直缝为企口缝。明间新做截面20cm×14cm槛框，其余走马板做12cm×10cm槛框，并在每间走马板外侧增加4道12cm×4cm竖向槛框，以增强抗变形的能力。

（五）上架安装调整

在柱子校正之后，即可进行上架安装调整。首先安装明间五架梁。之前五架梁已在承重架子上进行了维修加固，待梁下品字斗栱和上层各柱头斗栱安装归位后，将五架梁用倒链吊装调整复位，并用钢管固定在满堂脚手架上。两次间五架梁均采用同样的方法进行安装、固定。四缝五架梁和两山挑头梁全部归安复位后，要核对尺寸，确定无误后再进行下一步工序，踩步金、三架梁均按此步骤进行。梁架安装完成后，接下来进行桁槫安装，先安装槫以稳定梁架，再自下而上安装，然后是扒梁、角梁、椽望、草架、山花板、博风板的安装。

第五章

瓦石油饰等项目
修缮施工技术

第一节

脚手架及施工安全设施搭设工程

大殿修缮工程脚手架的搭设主要包括外檐双排脚手架、室内满堂钢管脚手架、安装物料提升机及施工防护棚脚手架四个主要项目。文物建筑安全防护棚采用和室内外脚手架联为一体进行搭设，脚手架整体闭合连接，牢固实用。

其搭设顺序根据具体的需要及脚手架搭设构造要求，由外围脚手架开始，待外围脚手架搭设到一定高度后再进行大殿室内脚手架的搭设。大殿室内脚手架从东到西依次对各个开间搭设至屋顶露明梁架以下，并在每个开间五架梁的一侧留有900mm宽横向通道，为下一步大殿室内各构件的拆卸以及屋架的落架提供操作空间。在脚手架的搭设过程中，根据实际情况对殿内的柱子以及所有横向、纵向的构件进行了加固，并对殿内神龛进行了包裹防护处理，防止在脚手架搭设以及以后构件的拆除过程中的施工损坏。项目整体进展科学合理、顺利实用。

一、落架工程外檐双排脚手架

外檐双排脚手架所用材料为杉木（图5-1）。杉木表皮组织较细且厚，物理性能刚柔相济，重量较轻，在满足功能需要的同时便于大殿外立面的构件防护。脚手架搭设所选用的杉木直径小头不小于6cm，大头约为18cm。根据拆卸屋面瓦顶、椽飞、望板、槫枋、斗栱及构件

图 5-1
双排脚手架

勘研的需要,其主要内容为:"之"字马道、上下檐双排架搭设、外侧施工安全网搭设等几个方面。

经力学计算,下檐双排脚手架两排间距1.5m,上檐1.8m。为便于施工过程中构件搬运,在大殿明间前、后处均搭设了主出入口。此外,为便于下运各类构件,配合物料提升机作业,在大殿的前檐东稍间和后檐明间分别搭设了探海平台架子。

脚手架搭设的要点如下:

(1)立杆垂直、顺杆水平、脚手板两端绑牢、铁丝绑紧,立杆底部插入0.8m深的土坑中并使用0.1m厚木板垫好,以增加地面承载。

(2)双排立杆进行了放线及垂直、水平两向检测,确保其水平距离及每排立杆之间的水平距离间距1.5m,顺杆每步垂直间距1.2m。

(3)为加强双排脚手架整体性能及承载能力,在脚手架的外皮每隔4~6棵立杆绑扎一副十字杆。

(4)为防止施工使用中脚手架歪闪,在前后檐各绑扎戗杆6棵。东西山面各绑扎戗杆3棵。

(5)基于施工中的安全需要,在一、二层檐头之上各绑扎一步护身栏杆,在脚手板于立杆交接处绑扎一周0.3m高脚手板作为护脚板。

(6)为防止脚手架施工及实用过程中对大殿的影响,脚手架系统独立构建,防止了脚手架与大殿大木构件的关联并注重了脚手架搭设与大殿间的适度距离,有效防止了对大殿外檐和屋面的搭设损伤。

(7)前檐西稍间搭设有宽1.8m"之"字马道,以方便小型材料的运送和施工人员的上下,在一层檐处设立转角平台,马道每隔0.3m钉防滑条一道。

二、室内满堂钢管脚手架

室内满堂脚手架主要用于大木构架落架拆卸、安装及施工过程中存留梁柱等构建的支撑。基于承载的需要,室内脚手架采用钢管进行搭设。搭设前,进行了室内满堂脚手架搭设设计并制定了科学合理的搭设实施方案。预留了各类构建搬运空间及对殿内神龛的防护措施。

满堂脚手架搭设设计主要内容为:根据最底层梁枋的高度,减去0.4m,然后按1.2m的间距均分为五步,搭设顺杆时预留了0.9m的施工工作面空隙,故从第一层梁架向上增加三步顺杆。立杆纵横水平间距1.0m的,对于顶部梁枋部位,于梁枋两侧;在脚手架四周立面及中间每隔两排设立剪刀撑一道,防止脚手架施工中对于构件的触碰损伤。

满堂脚手架搭设要点主要考虑了几个方面:

(1)为防止对室内地面的损伤及脚手架各立杆的不均匀沉降,全部钢管立柱底部加设了承载垫板。

(2)集中荷载的作用点均集中于立杆,避开了水平杆件的中部,并在立杆全高中间均布2道双向平杆拉结,以合理的受力构造及系统不稳定点增强措施避免了支撑架受力后产生弯曲变形。

(3)最下层底平杆距地面小于300mm,

平行步距依不大于 2m 设置，自由端长度不大于 1m，对于超过此步距的部分，采用了增加拉结平杆的设置。

（4）为增强满堂脚手架整体性能，旋转扣件和对接扣件连接紧密牢固，部分部位增加了必要的构件加固措施。

第二节
瓦石作维修技术

大殿瓦石作维修项目勘察设计在报请国家文物局相关部门批准后，其具体实施的项目主要包括墙体局部拆后重砌及酥碱墙面剔补修复及屋面揭瓦项目等。瓦石作项目拆卸过程中，着重留存了建筑的做法、制式、构造、用材及地域工艺的现状历史信息，通过研究、分析建立了详尽的记录档案，以指导瓦石作的具体施工修复。

一、墙体维修

（一）墙体维修主要存在如下三个方面：

1. 西山及后檐存在抹灰空鼓脱落、砖面酥碱现象（图5-2）。

2. 西山中部墙体存在竖向裂缝，由外观来看，不像因柱子腐朽墙体受压而导致的裂缝。墙体局部拆除后，发现该西山墙中柱有墩接修复的情况，可见此裂缝为该柱墩接时新老墙体灰浆收缩不同所致，该项问题的发现也对此次墙体的修复敲响了一次警钟，此次同样存在新老墙体的咬槎交接问题。

3. 由于部分金柱柱根糟朽，为墩接糟朽金柱，柱两侧墙体需拆除后重新砌筑。

（二）墙体维修中，主要注重了如下几个方面：

1. 拆除下碱墙体时应避免对未拆除部分的扰动，拆除后原有砖块由于保存较好，无需更换，砌体编号后按原组砌方式排列于该处附近（图5-3）。

图 5-2（上）
北立面檐下墙体松动、灰缝剥落

图 5-3（下）
月台侧墙及墙面下碱处酥碱

图 5-4
墙面修复后北立面效果

2. 由于大殿墙身存在一定的收分，恢复砌筑过程中注意与原墙体保持一致，并且背里砖应与里外皮同时砌筑并咬拉结实。

3. 对于墙体和木柱相交处，为防止木柱受潮、糟朽，采用了如下构造措施：使用一层旧板瓦扣在柱子上，使之与砖墙隔开，由于板瓦弧度与柱子弧度不一，形成空隙，在柱子根部距地面 25cm 处的墙面上镶嵌砖雕透风孔，便于木柱通风，防止其受潮而糟朽。

4. 下碱墙体酥碱处理：对于仅表皮酥碱的，采用上砖药修复措施，对于酥碱较深的，统一凿平至无酥碱部位，然后使用适当厚度的砖条进行镶补；对于室内下碱因受潮返碱的墙面，则主要使用钢丝刷子清理后再用磨头磨平。

5. 室内墙面修复主要依据其原制进行修复，具体做法为：墙面 1∶3 白灰砂浆打底后采用白麻刀灰罩面，灰皮要压实压平，最后外墙刷红浆，内墙刷黄浆界黑边线（图 5-4）。

二、地面维修

（一）基于现状的维修措施

大殿月台地面及四周散水酥碱破碎、下陷严重，特别是室内和回廊，损坏更甚，针对这一现状，在对其价值进行评定后，报请文物修复主管部门同意，采用了依原制重新细墁的处理方式，新铺砍磨后的尺二方砖为 385mm×385mm×70mm，与原地面砖尺寸做法皆同，铺墁后进行了桐油钻生，本次维修共计铺设室内及廊地面 130m²、月台地面 104m²。

（二）地面拆除后重新铺墁工艺做法

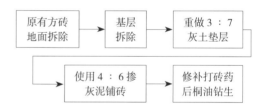

1. 地面垫层

大殿室内外方砖拆除后，将原铺砖掺灰泥铲除及约 5cm 厚度灰土垫层铲除，翻松约 12cm 厚的余土，将体积约 1/3 白灰均匀与之掺和后夯实。

2. 地面铺墁

使用 4∶6 掺灰泥进行细墁方砖，铺墁方砖时先铺进深方向的中间一趟，然后向两边铺墁，砖缝不超过 2mm。

3. 面层处理

待室内地面铺完后，使用磨头将不平整的地面磨平，清理砖面后，使用油灰（面粉∶细白灰粉∶烟子∶桐油 = 1∶4∶0.5∶6）勾抹砖缝上口和砖面上明显砂眼。

4. 桐油钻生

最后在地面上均匀涂刷二遍生桐油进行钻生。由于生桐油黏度高，不易被砖吸收，当地一般都添加煤油，比例为：生桐油：煤油 =100 ∶ 20（重量比）。

三、屋面修缮

由于本次大殿修缮为落架大修，大殿屋面需全面拆除，待木构架拆卸、维修，柱网校正归安后进行重新苫背、挂瓦。屋面维修项目主要进行了原有屋面规制及做法勘察、现存屋面脊饰构件的损毁勘察与记录、添配构件的复制及按现状规制进行屋面复原几个方面。

（一）屋面维修工艺流程

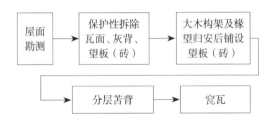

（二）屋面勘察研究

现状损毁勘察

大殿现存屋面虽漏雨并不严重，但是已出现捉节夹垄灰脱落、瓦件破碎、酥碱、脱釉、脱色等情况，尤以上檐北坡残损最为严重，约30%瓦件已不能使用，檐头附件缺损约30%，正脊、博脊、垂脊、岔脊都存在破碎酥碱情况，正吻脱釉酥碱，且因历次维修更换，吻兽的烧制风格不同、尺寸不一。就大殿现状屋面做法及构造工艺来看，大致保持清代修缮时的做法。

（三）屋面拆除

1. 拆除记录及顺序

屋面瓦件、灰背、望板（砖）的拆除施工过程中注意对相关构件地保护，并更换槽朽的望板和酥碱断裂的望砖。屋面揭瓦前做好翼角起翘和平出的尺寸记录，并在拆除过程中做好灰背厚度、层数和瓦口大小等情况的记录，囊度做法的测量，以便恢复原状。

瓦件的拆除自下而上进行，先拆除筒瓦，然后使用瓦刀将底瓦逐个撬起，顶部的瓦件逐件顺灰背遛至檐口，在由工人搬运至手推车上用物料提升机运至地面。

2. 拆除中的构件防护

整个拆除过程中对建筑本体进行了重点保护，主要注意了以下两点：

（1）拆除的吻兽件使用毡布包裹后下运，拆下的吻兽件及瓦件进行灰浆剔除清洗后按规格型号堆放。

（2）拆除到交接处时应使用小铲或瓦刀等工具进行剥离，不得进行野蛮拆卸。

（四）椽望维修

木构架校正归安及椽子、望板安装完成后，开始铺设望砖。由于望砖破碎严重，经协商后按原规格型制（250mm×130mm×40mm）添配，铺设部位，上檐前后正身檐头向上2.6m至脊槫，共铺设望砖面积272.16m^2。铺设望砖时采用白灰膏勾抹砖缝。

（五）苫背修复

大殿的苫背施工各层檐屋面穿插进行，主要施工工序及灰料配比如下：

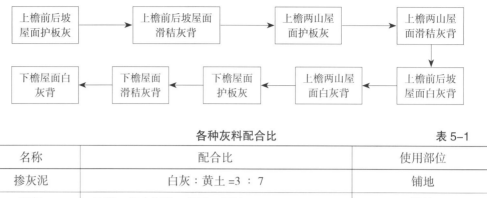

上檐前后坡屋面护板灰 → 上檐前后坡屋面滑秸灰背 → 上檐两山屋面护板灰 → 上檐两山屋面滑秸灰背 → 上檐前后坡屋面白灰背 → 上檐两山屋面白灰背 → 下檐屋面护板灰 → 下檐屋面滑秸灰背 → 下檐屋面白灰背

各种灰料配合比 表 5-1

名称	配合比	使用部位
掺灰泥	白灰：黄土 =3：7	铺地
油灰	面粉：细白灰粉：烟子：桐油 =1：4：0.5：6	铺地
护板灰	泼灰：麻刀 =100：5	屋面苫背
滑秸泥灰	泼灰：滑秸 =100：20	屋面苫背
白麻刀灰	白灰：麻刀 =100：6	屋面苫背
掺灰泥	白灰：黄土 =5：5	瓷瓦
青麻刀灰	白灰：麻刀：松烟 =100：5：0.6	捉节夹垄

在拆除掉苫背层时，我们发现 1997 年维修时，在下檐檐部望板和角梁上铺设的油毡防水层，时隔 15 年没有出现朽坏现象，这也是下檐木望板能够基本保持良好状态的主要原因。苫背施工前除了在檐部望板上除涂刷二遍 CCA 和一遍沥青漆防虫防腐外，仍然粘贴了一层油毡作为檐口部位的防水措施，然后在进行苫背（图 5-5）。

图 5-5
屋面苫背

1. 捉缝灰与护板灰

苫背从木望板护板灰开始。望板捉缝灰由白灰和麻刀按 100 : 5 的配比，抹灰时不需要特别平整，只要不露缝隙即可。捉缝灰基本干燥后，就开始苫护板灰，它是屋顶防水的重要保障，同时也使望板与上层"滑秸灰背"结合更加牢固。护板灰厚约 1~2cm，抹灰时从脊部向檐头进行，标准是不露出木骨。护板灰不宜在空气中暴露很长时间，传统做法要求应趁着潮气"随苫护板灰，随苫上层泥背"，若护板灰干燥后再苫泥背，二者不能很好地结合在一起，就会影响工程质量。由于大殿屋面面积大，采取先苫前后坡护板灰，苫完后晾一夜，第二天开始苫泥背的做法来保证护板灰不会过于干燥，待前后坡都苫完泥背后，再苫两山的护板灰，等完成全部上檐屋面苫背后再进行下檐屋面的苫背工作。

护板灰应用泼灰和麻刀（100 : 5 重量比）加水调匀制成。

2. 滑秸灰

滑秸灰由泼灰和麦秸按100：20（重量比）配合而成。滑秸灰制作中一定要闷透，利用泼灰水化发热的特性将麦秸闷软后才能使用。通过这道工序，屋顶椽子相接处的生硬线条变成了缓和的曲线，古建筑屋面美丽的囊度曲线就基本形成了。苫二至三层泥背，总厚度平均9cm，自上而下轧光抹平。因中腰节附近泥背太厚，使用加工时剩余的木材边皮和板瓦扣在护板灰上进行垫囊，这样做既能减轻屋面重量，又能防止灰背太厚造成开裂。为了保证灰背不产生收缩裂缝，依照传统工艺，当苫完一层灰背，干至七八成时，就要用"拍子"进行"拍背"，这样就能减少灰背之间的孔隙率及收缩性，增加灰背的密实度，进而增强防水性能。经验丰富的技师非常重视灰背操作工艺，如果灰背不合格，不但对下部木结构不能进行有效的防水保护，而且易造成上部瓦面脱节，影响古建筑的寿命。

3. 白灰背

当灰背干至七八成时，就开始最后一道工序苫白灰背。

白灰背由白灰和麻刀混合而成，使用长5~8cm的麻刀，为了增强拉结力，防止细微裂缝的出现，我们按传统配比100：5比例提高到100：6（重量比），白麻刀灰一定要搅拌均匀，每层灰厚度约为2cm，一般苫两层。苫完白麻刀灰背后还要进行关键的"轧活"，这样做是为了提高灰背的密实度。每次赶轧之前都要在灰背上刷灰浆，刷浆时用铁抹子反复"轧干"。实践证明，轧活次数越多

越能提高灰背的密实度，施工时赶轧的次数不少于"三浆三轧"。整个苫背工序大约使用了40立方米的各类灰背材料。苫背工作全部结束后，就开始进行"晾背"，不做好"晾背"工序，琉璃瓦屋面水分更不容易蒸发进而造成望板、椽子糟朽，还容易造成屋面局部下沉而变形漏雨。本次维修工程的苫背工作完成于夏至时节的6月份，用1个月的时间进行了"晾背"，使苫背层基本干透，"晾背"过程中还注意了不能进行暴晒，正午和风大的时候使用篷布遮盖，以防止苫背表层干燥过急出现裂缝。

当地的古建筑传统苫背一般采用滑秸灰背和白灰背的地域做法，而不同于北京官式做法泥背和青灰背。主要基于以下原因：一是滑秸泥背与泥背相比重量要轻，有利于减轻构架的荷载；二是青灰产于北京地区，不利于当地就地取材，只要白灰与麻刀配比得当、赶轧结实，仍能达到良好的防水效果。

（六）窑瓦

1. 窑瓦施工工艺与顺序

挂瓦严格按照古建筑传统施工工艺进行，主要工序如下：

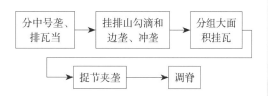

大殿为重檐歇山建筑，主要按照以下步骤进行：

（1）注意上下檐中心一定要垂直对齐，前后坡分中号垄时首先找出正脊的横向中点，然后从博缝的外皮向里返两

图 5-6
屋面山花处挂瓦

个瓦口并找到第二个瓦口的中点，也就是边垄的底瓦中，将这三个点标在脊部灰背上并平移到前后坡檐头，按中点在每坡钉好五个瓦口，在中心和两边的瓦口之间赶排瓦口。

（2）按照原屋面瓦垄数，最后将"蛐蜒档"定为 2.5~3cm 来排瓦口（图 5-6）。

（3）根据拆除时的测量数据将瓦口大小定为上檐前后坡正身 29.8cm、东西山面瓦口为 29.2cm，下檐前后坡正身瓦口为 29.8cm，东西山为 29cm。

（4）瓦口位置及大小确定后，由木工将瓦口钉在连檐上。

东西山面也就是撒头分中号垄顺序为：

（1）首先根据檐头正中确定坐中底瓦。

（2）再根据前后坡檐头边垄中心到翼角转角处的距离来确定撒头部位的边垄中。

（3）按照这 3 个中，先钉好 3 个瓦口，在这 3 个瓦口之间赶排其余瓦口。

（4）最后将各垄盖瓦的中平移到上部的灰背上。

2. 工程技术要点

灰料：底瓦的坐底灰和筒瓦的灰梗都使用掺灰泥，此次苫瓦泼灰的比例较高，原配比一般为泼灰：黄土 =3：7，现更改为 5：5，既可以减轻重量，还可以提高苫瓦灰的强度，减少杂草生长。坐底掺灰泥厚 4cm 左右，在座底灰和筒瓦的灰梗上都要铺一层青麻刀灰增强黏接力。

勾头滴水：为减轻下雨时雨水对椽头的侵蚀，将滴水和勾头的出檐加大到 9cm，在勾头下面，滴水的蛐蜒档上放置一块瓦片作为遮心瓦，用来遮挡勾头里的盖瓦灰。

苫瓦：苫边垄时要同时苫好排山勾滴，两端的边垄要做到平行、囊线一致，且要随屋顶囊线，其余瓦垄的高低、囊线都要跟边垄相同。苫完边垄后只需将屋面中间三趟底瓦和两趟筒瓦苫好，就可以分组进行大面积施工了。为平衡屋面前后坡的荷载，苫瓦时做到了前后坡同时施工。

底瓦的搭接密度为"压六露四"，脊部 1m 左右自上而下逐渐由"压五露五"向"压六露四"过渡，基本做到了"三搭头"，只有这样才能保证相邻的三块底瓦中破损任意一块都不会漏雨。

捉节夹垄：使用掺有松烟的小麻刀灰进行"捉节夹垄"，将瓦垄清扫干净在筒瓦相接的地方勾抹（捉节），然后用夹垄灰将睁眼抹平（夹垄），夹垄分糙细两次夹垄，操作时用瓦刀把灰塞严拍实，上口与瓦翅外棱抹平（背瓦翅），瓦翅做到了背严背实，没有出现开裂翘边和高出瓦翅，避免了因缝灰开裂而造成渗漏。夹垄时将垄灰赶轧光实，下脚直顺，并与上口垂直。掺有松烟的小麻刀灰呈青灰色与绿琉璃瓦反差不大，而且松烟有油性，也能起到防水的作用，最后清理擦拭干净瓦面。

（七）调脊及脊饰修配

大殿正脊安装前，首先在地面进行试排，根据试排按照正脊上的空洞位置和大小，经设计单位认可，在调脊前新安装了 750mm×80mm×80mm 的脊桩连接新加的扶脊木，以加强正脊稳定性。

第三节

油饰修复

2012 年 6 月,油作施工开始（图 5-7）。按照施工程序砍斧迹、做地仗、油饰（图 5-8）。

一、地仗及油饰材料加工配制

材料筹备配制。严格按照传统工艺施工，将地仗配比表分发到配料组，严格监管材料的配比及质量。

1. 线麻的加工： 在当地收购大黄麻，分绺拧成粗绳，用木槌反复捶打，柔软后取开，再用铁梳子梳成细线状备用（图 5-9）。

2. 砖灰的加工： 平时将历次维修时的旧碎砖收集起来，清理干净后，加工成粗、中、细三种规格备用。

3. 血料的发制： 当地屠宰场收购鲜猪血，用稻米糠揉制过滤后，用石灰水发制而成，完全按照传统材料的配制方法，保证了材料的供应和质量（图 5-10）。

4. 灰油熬制： 熬灰油的主要材料为优质生桐油，添加土籽粉和章丹作为催干剂。

图 5-7
隔扇门修复前油饰残状

图 5-8
砍地仗

图 5-9（上）
线麻加工

图 5-10（下）
血料加工

先将土籽粉、章丹炒熟，按比例加入生桐油熬制，熬时要勤于搅动，因土籽粉与章丹较重，易沉到锅底，在熬炼的过程中，尤其是油快出锅时，用油勺将油舀起至锅面 80cm 左右再徐徐倒入锅内，反复进行。熬油的温度一般在 180℃左右。根据熬制的温度不同及外加材料比例的不同，分为灰油和光油两种。

当地有经验的老师熬油时，一般根据观感和声音即能分辨出油的熬制程度，颜色从浅到深，慢慢地成深驼色，表面油珠呈深褐色，从搅拌的力度上感觉油的稠稀度，听到类似"哗哗"的水声，或者用秸秆带出两滴油滴入清水中，凝聚不散，或者蘸在秸秆上，用手捻开，丝越长，熬制的质量越高。

5. 颜料光油的配制： 当地工匠多年的经验做法是，先把氧化铁红或红朱用煤油完全浸透，把熬制好的光油加入浸透的红朱里混合充分搅拌均匀，比例为：氧化铁红或红朱：煤油：光油 = 10：4：3（重量比），（大红采用红朱、棕红常采用氧化铁红配制颜料光油）。二道颜料光油为：氧化铁红或红朱：煤油：光油 =10：4：5。

（斗栱、门窗由于糟朽严重，当地一般做法是再增加一道捉缝灰，按照一麻五灰的配比的捉缝灰比例配制，如图 5-11 所示。）

熬油的场地设在关帝庙后的料棚内，周边放置灭火器、砂土、湿麻袋、铁锹等备用。准备就绪后即可进行熬制，步骤如下：

熬灰油材料配合比			表 5-2
季节	生桐油	土籽粉	章丹
春、秋	100	7	4
夏	100	6	5
冬	100	8	3

<table>
<tr><td colspan="3" align="center">油满配比表（单位：kg）</td><td align="right">表 5-3</td></tr>
</table>

灰油	白面	石灰水
75	12.5	50

<table>
<tr><td colspan="5" align="center">一麻五灰地仗配比表（单位：kg）</td><td align="right">表 5-4</td></tr>
</table>

	满	血料	砖灰	备注
捉缝灰	5	6	8	砖灰为粗灰
通灰	5	6	8	砖灰为粗灰
粘麻浆	5	7	0	
压麻灰	5	9.5	11.5	砖灰为中灰
中灰	5	14.5	15.5	砖灰为中灰
细灰	5（光油）	35	32.5	砖灰为细灰

<table>
<tr><td colspan="5" align="center">斗栱、门窗心屉单皮灰地仗配比表（单位：kg）</td><td align="right">表 5-5</td></tr>
</table>

	灰油	血料	砖灰	备注
捉缝灰	5	6	8	砖灰为粗灰
通灰	5	6	8	砖灰为粗灰
中灰	5	25	24	砖灰为中灰
细灰	5	60	55	砖灰为细灰

二、地仗工艺流程与技术

地仗工艺流程主要包括如下环节：

砍净挠白→楦缝→楦缝下竹钉镶补→刷草油（汁浆）→捉缝灰→通灰→使麻浆→压麻→压麻灰→中灰→细灰→钻生→打磨掸净。

砍净挠白：在不损害原有木质的情况下，对木构件旧灰皮全部细细砍挠，至见木纹为止（图 5-12）。

楦缝及竹钉镶补：该项工作由木工进行实施，具体做法是首先对较小的木件裂缝砍成鸡嘴缝，每隔 40mm 嵌入竹钉，竹钉间用木材镶补。对于超过 3mm 的裂缝，需采用相同材质的木件修补。

刷草油（官式做法称汁浆）：木料砍净挠白后，因为缝内的尘土仍未能清理干净，所以又做了一道汁浆，以增加附着力。（油满：血料：水 =1 : 1 : 20）。

捉缝灰：将表面打扫干净，把捉缝灰用刮板刮入缝内，使缝内油灰饱满，特别注意了缝表面不能出现蒙头灰。

图 5-11
材料配制

通灰：通灰需做到衬平刮直，厚度依木件原型尽量找到平、直、圆为准，一般均厚约10mm，老构件多有缺楞少角者，要照原样多做层灰衬齐。

使麻浆：所有的木构件缺陷都不能在上麻后再找平，使麻前先刷粘麻浆，其厚度需浸透麻层，由于原来上架大木麻层较薄，有些地方在上次维修时未使麻，所以这次在压麻时，要求麻层不得低于5mm，且做到厚度均匀一致，在拐角位置，纵横两道麻重叠，而后赶轧密实、平整，不得出现崩秧、空鼓、窝浆现象。

压麻：麻干后，将麻层用瓦片磨出麻茸，再将压麻灰密实轧好，压麻灰干后再用瓦片细磨，打扫干净后再用水布掸净。

中灰：中灰厚度不宜过厚，不宜超过5mm。门窗处的线脚，需用中灰扎线。

中灰干后用瓦片将接头磨平，再打扫干净后水布掸净，用铁板将鞔角、边框、上下围脖、框口、线口，以及下不去皮子的地方，均应仔细找齐。干后再细磨，用水布擦净（图5-13）。

细灰：厚度不超过2毫米，接头要平整，如有线脚者再以细灰扎线。细灰干后，再精心细磨至断斑，要求横的要平，竖的要直，圆的要圆。

钻生桐油：要求跟着磨细灰的后面随磨随钻，同时修理线脚及时找补生油，油必须一次性钻透，以免出现"鸡爪纹"现象，附油用麻头搓净，以防"挂甲"。待全部干透后，用砂纸精心细磨，然后打扫干净，经过以上操作，木件的一麻五灰地仗工序就全部完成。

为保证工程质量，经设计方、监理与甲方的协商，在做地仗工序中，斗栱、

图5-12（左）
砍净挠白

图5-13（右）
中灰地仗

椽望及檐头附件在原来设计的三道灰基础上增加一道灰，分层施工为砍净挠白→撕缝→楦缝→刷草油（汁浆）→捉缝灰→通灰→中灰→细灰→钻生桐油。上下架大木多数构件经过拼接加固，原来设计的一麻五灰达不到质量要求，实际按照一麻六灰地仗施工，分层做法为：砍净挠白→撕缝→楦缝→刷草油（汁浆）→捉缝灰→通灰（两道）→粘麻→压麻灰→中灰→细灰→钻生桐油。槅扇、槛窗由原设计的一布五灰变更为一麻五灰，心屉三道灰。

在本次地仗修缮过程中，除严格按照传统工艺分层施工外，还特别注意了地方做法的保持，当地传统工艺做法一直采用灰油代替光油的配比方法，在最后一道细灰时，涂刷的灰油纯度要比头几道高，以避免干燥过急出现鸡爪纹。门窗由于槽杇开裂严重，在撕缝、楦缝后需再加一道捉缝灰。另外，在加工砖灰时，注意收集老砖件，旧的青砖已完全熟化，收缩性较小，做地仗灰不容易变形。因门窗的企口大多都已棱线不清，我们自制了小工具掐线，施工过程中，充分利用标杆、卡子等，耐心逐一分层多遍找平、找直。

三、油饰技术

本工程油饰主要是下架柱、门窗、槛框、山花博缝等部位，其工艺流程为：刮血料腻子一道→打磨后刷三道油→风吹雨淋及易触摸部位加一道罩光油。

地仗做好后，刮血料腻子。血料与滑石粉加入少量细砖灰（增加强度），调制成黏稠适度的腻子，如天气过于干燥，为增加腻子的韧性，延长干燥时间，避免油作出现龟裂现象，当地工匠一般会适当加入少量油满，然后，进行细细打磨，将腻子细小颗粒打磨以嵌实细灰的砂眼，增加基层的平整光滑度，未嵌入的腻子打磨掉，上头道油。

施工时，用细萝底过筛或用细丝袜对颜料光油过滤，上头道油后要等其完全干燥后细磨水布擦净，再上下道油。上油时要避免太阳直射和风吹，以免出现龟裂现象。上油过程中，特别注意天气变化和上油时间，天气刮风下雨、温度过高和潮湿、雾天、扬沙等天气不宜进行施工，油作时阴阳面均要掌握好上油时间，一般选择在上午9：00~10：00或下午2：30~4：00，三道光油成活。每道前一定要打磨油粒，俗话说：七分打磨三分油漆，每道工序的打磨仔细与否，直接影响到漆层的观感质量和光洁度，在刷油的时候，要做到横七竖八——横着七遍，竖着八遍，以均匀涂抹油皮，最末道，刷一遍纯光油，油作施工即为完成。

油作施工时，还特别注意了椽望的刷油，根据原来的椽肚位置记录，头两道先刷红色垫底，最后一道拉线标识，椽子的侧面和地面严格跟线走，由建筑一端翼角察看椽帮和椽底的分界线总体平顺一致。

另外，由于山花博风、连檐瓦口、槛框等部位长期处于风吹日晒、雨淋、人手触摸等，我们在上述位置增加了一道光油，以加强油饰构件的耐久性（图5-14）。

图 5-14
油饰后整体效果

第四节

修缮施工中的防护技术

一、施工过程中景观、古树名林及安防保护

大殿系关帝庙的最主要建筑，维修过程中不可避免地会对整个关帝庙景观造成影响，为将其造成的影响降到最低，在施工过程中，制作了宣传牌及围挡，对关帝庙大殿维修内容进行宣传公示。

关帝庙大殿院内有古树 10 余棵，均年代久远，价值非常高，对靠近施工现场的古树专门进行保护，进行围挡保护，用架木铁管进行围栏，围栏距树木不小于 1000mm。或使用草绳包裹，并用 2000mm 高竹木片进行防护，避免施工过程中对树木造成损坏。

关帝庙大殿为木结构建筑，同时其周围古树名木众多，防火工作极为重要，在施工中将防火工作及安全防卫工作列为重点工作。项目管理部在施工过程中严格贯彻以人为本"预防为主，防消结合"的消防方针，结合关帝庙大殿施工中的实际情况，加强领导，建立了逐级防火安全责任制，要求施工人员进入施工现场禁止携带火种，确保施工现场消防安全。

施工现场管理上，在施工现场明显位置设灭火器材及工具，设置八组，每组两个 5 公斤干粉灭火器、铁锹等灭火工具，设专人管理并定期检查确保设备完好，任何人不得随意挪动，做到了"布局合理、数量充分、标志明显、齐全配套、灵敏有效"。

提高施工人员的消防安全意识，落实逐级防火岗位责任制。现场严禁吸烟，发现吸烟者一律进行处罚。现场消防负责人定期进行防火检查，加强昼夜防火的巡视工作和对施工现场随时检查，发现火险隐患问题及时进行解决。

在油漆施工过程中，要求施工人员擦桐油、清油、灰油、汽油、稀料的棉丝、布、麻头和油皮子等易燃物不得随意乱丢，必须随时清除，并及时清运出现场妥善处理，防止造成火灾、火险。电气设备和线路必须绝缘良好，遇有临时停电停工休息时，要求施工单位必须拉闸加锁，避免电气设备严禁超负荷使用，配电室、配电箱旁严禁放置材料、杂物及易燃物品。

二、建筑本体及构件防护技术

1. 防腐处理

防腐剂材料在古建筑施工和维修工程中被普遍使用，一般多采用桐油和沥青油做木构防腐保护，但它的使用范围受到限制，仅限于工程安装完成后使用，否则对施工造成诸多不便。经过多方咨询和专家推荐后确定选用江西生产的CCA防腐剂，属于水溶性防腐剂，具有防腐、防真菌和防虫的功效，易于操作，对木材的渗透力大，本剂用在木材上呈浅绿色，不影响油漆。据了解，CCA防腐剂在国内已在很多大型古建筑维修工程中使用，如西藏布达拉宫维修工程、

青海塔尔寺维修工程都使用了CCA防腐剂。

关帝庙大殿维修工程中对木构件的防腐处理主要采取涂刷的方式（通常采用三种方法：真空加压法、常压浸泡法、喷涂法），因为关帝庙大殿属于单体独立工程，且更换的木构较少，如果用加压和浸泡方法并不适合。它需要较大的资金和场地。而涂刷方法操作方便，无论新旧构件都在制作现场和施工现场涂刷防腐剂。新构件在安装前先刷一道防腐剂，安装后再刷一道防腐剂，安装前对构件榫卯和隐蔽部位的木构件刷两道防腐剂。对望板和墙内柱子除涂刷CCA防腐剂以外，还刷有沥青油，以增强防腐效果。

2. 搭设斗栱保护网

为防止飞禽及蝙蝠日后对关帝庙大殿斗栱构件损坏，此次大修工程竣工阶段于外檐斗栱处均安装铜制斗栱保护网。保护网使用 φ2mm 铜线共计 50 公斤，由具有一定编织经验的师傅编织为直径不大于 20mm 的六棱镂空铜网，上部固定于檐椽望板上，下部固定于普拍枋上皮。六棱镂空铜网具有较好几何稳定性和耐腐蚀性，能够对斗栱起到长期保护作用。

3. 支搭防雨棚

利用脚手架支搭整体式屋面防雨棚，以满足木构架古建筑修缮工程的防护需要。防护棚与屋面平行，整体高出屋面 1.8 米，水平方向每隔 3.0 米、进深方向沿屋面设三道立柱支撑，待屋面拆除后利用室内满堂脚手架向上延伸进行支撑。

三、防雷设计、施工与研究

我国古代木构建筑因雷电造成的毁坏是严重的，1956年6月明十三陵长陵陵恩殿西部的兽头被雷击掉一半，横梁被炸裂、楠木大柱劈裂20cm，同时造成一死三伤。事故发生后，时任国家文物局局长的郑振铎先生同梁思成先生勘察了雷击情况，此时陪同的还有罗哲文先生。由此，国家政务院发布了在全国文物古建筑上安装避雷针的重要通知，从此也拉开了我国古代建筑防雷设计与施工的序幕。

关帝庙大殿是全国重点文物保护单位，其防雷设计与施工项目是保护这一大殿的重要措施，该防雷设计主要依据了广饶县当地气象与地质资料，针对关帝庙院落格局、古树名木分布位置及关帝庙大殿建筑规制的整体特点进行了科学合理的防雷设计，设计中考虑了防雷设施对建筑物整体外观风貌的影响，并对我国古代文物建筑的防雷技术措施与方法进行了深入的探讨。

（一）大殿的防雷设计与施工

1.防雷设计

（1）建筑物防雷次数计算

$$N=0.024KT_a^{1.3}A_e$$

其中 N—建筑物预计年累计次数

K—校正系数，一般取1，位于旷野的独立建筑取2，金属屋面砖木结构取1.7

T_a—年平均雷暴次数，颜圣殿属于济宁地区，T_a=29.1d/a

A_e—建筑物等效面积，km²

$$A_e=[LW+2(L+W)\sqrt{H(200-H)}+\pi H(200-H)]10^{-6}$$

其中 L、W、H—建筑物的长、宽、高，m

关帝庙大殿 L=36.36m、W=22.58m、H=19.09m

$$A_e=[36.36\times22.58+2(36.36+22.58)\sqrt{19.09(200-19.09)}+\pi\times19.09(200-19.09)]10^{-6}=0.02km^2$$

$$N=0.024KT_a^{1.3}A_e=0.024\times1\times29.1^{1.3}\times0.02=0.038<0.06$$

（2）防治雷击的措施

在关帝庙大殿的正脊、垂脊、戗脊、挑檐部位装设避雷带；正脊避雷带高出脊10cm，在垂脊、戗脊上为保护走兽，避雷带架在走兽上方；正脊两端的正吻因体量较大专门做网状避雷网保护；戗脊下端的套兽，装设避雷针，并与避雷带焊接在一起，焊接处做防腐处理。避雷带、避雷针采用Φ8的热镀锌圆钢制作，屋顶避雷带形成的网格不大于10m×10m或12m×8m。

本建筑专设6根引下线，采用Φ10的镀锌圆钢制作。为了保持建筑原貌，尽可能地减少对原建筑外观效果的破坏，避雷引下线从建筑的背面及侧面沿墙明敷设引下。引下线上与避雷网焊接，下与接地极焊接，为了保证导电效果，要求两面焊接，焊缝长度大于圆钢直径的6倍。因接地极为共接地极，引下线只留接地电阻监测点即可，但本建筑中在1.8m处都留了接地断接卡。引下线采用穿塑料管保护，避免与木结构直接接触，起到防火隔热作用。

接地极采用6根SC50×2500的镀锌钢管，均匀分布在关帝庙大殿两侧及后面，用40×4的热镀锌扁钢连接起来，埋深0.6m。6根引下线全部接在公共接地极上。经测试接地电阻小于1Ω要求，经广饶县气象局测试，接地电阻均小于1Ω，满足了古建筑接地的电阻值要求。

（3）感应雷防护

为防止雷电波的侵入，进入建筑物的各种线路及金属管道采用全线埋地引入，并在入户端将电缆的金属外皮、钢管及金属管道与接地极连接。当采用全线埋地电缆确有困难而无法实现时，可采用一段长度不小于2ρ（m）（ρ为埋地电缆处的土壤电阻率，单位Ω·m）的铠装电缆或穿钢管的全塑电缆直接埋地引入，但电缆埋地长度不应小于15m，其入户端电缆的金属外皮或钢管应与接地装置连接。

雷电流经避雷装置时会产生很大电流（几千安到几千万安），电流会在周围形成瞬时的强磁场，强磁场或者带点云层都会在金属构件内产生感应电压，如金属构件没有做良好的接地装置，就会对周围低电位构建发生放电，也会产生火灾危机建筑及人员的安全。因此，所有金属构件，均应与避雷系统的接地装置做良好的连接。

2. 避雷施工

避雷装置的施工过程中，先做接地极，再做引下线，最后做接闪器。这是一个重要工序的排列，不准逆反，否则要酿大祸。若先装接闪器，而接地装置尚未施工，引下线也没有连接，会使建筑物遭受雷击的概率大增，特别是在雷雨季节，施工过程中若正遇上雷雨天气，无论是对附近的人员，还是建筑物本身都是很大的威胁。

（1）施工依据：《建筑电气工程施工质量验收规范》GB50303-2002。

（2）配备专业专业人员，对施工过程层层把关，步步验收。

（3）检查验收制作避雷装置的镀锌型钢：查验合格证或镀锌厂出具的镀锌质量证明书；进行外观检查，查验镀锌层覆盖完整、表面无锈斑，无砂眼。检查合格后方能用于接闪器、接地极、引下线的加工。

（4）接地极施工：按设计要求，沿关帝庙大殿两侧及后面开挖沟槽，离建筑物外墙距离大于3m，沟深0.6m。经检查确认，将S50×2500的热镀锌钢管按均匀分布，在沟内打入地下；然后再用40×4的热镀锌扁钢把钢管接地极联结起来，两面焊接保证连接效果。为降低跨步电压，接地极在建筑物入口处及人行道，埋深大于1m，采取均压措施或在其上方铺设卵石或沥青地面。接地极安装完毕后填写接地极隐蔽验收记录，覆土回填。

（5）引下线施工：避雷引下线采用焊接和专用支架固定，焊接处要刷油漆防腐。建筑引下线采用专用卡具固定，沿墙明敷设。先埋设或安装支架经检查确认，才能敷设引下线。明敷的引下线平直、无急弯，与支架焊接处，油漆防腐，无遗漏。明敷接地引下线的支持件间距均匀，水平直线部分0.5~1.5m；垂直直线部分1.5~3m；弯曲部分0.3~0.5m。在1.8m处设断接卡。

（6）接闪器施工：沿关帝庙大殿正脊、垂脊、戗脊、挑檐，设计制作支架，支架验收合格后，进行安装，制作避雷针、避雷带，沿支架敷设避雷带，并与顶部外露的其他金属物体连成一个整体的电气通路，且与避雷引下线连接可靠。避雷针、避雷带位置正确，焊接固定的焊缝饱满无遗漏，螺栓固定的备帽等防松零件齐全，焊接部分补刷的防腐油漆完整。避雷带平正顺直，固定点支持件间距均匀、固定可靠，每个支持件能随大于49N（5kg）的垂直拉力。

（二）古建筑防雷技术研究

古建筑大多数为木结构或砖木结构，防雷设计中必须考虑其结构特点。既要结合建筑的外形构造，又要考虑建筑物的材料，还要考虑确定防护对象的范围。目前国内古建筑防雷，绝大部分以重要的单体建筑为保护对象，对一些附属建筑及古树有些防护措施并不太完备。这种方法比较适合一些园区范围很大，建筑物间距较大的建筑群，关帝庙大殿的防雷就属于此类。还有一种方法，就是把整个建筑群作为防护对象，把所有建筑、树木及游人都纳入到防护范围，这种方法比较适合园区范围较小，建筑物间距较小的古建筑群。

根据JGJ16-2008《民用建筑电气设计规范》及GB50057—94（2000）《建筑物防雷设计规范》，一般古建筑属于二类防雷建筑。雷击的形式分直击雷、感应雷。

1. 单体防雷

直击雷的防护

（1）接闪器

古建筑正脊、垂脊、戗脊、挑檐、正吻、套兽都是建筑物上部的尖端，按雷击规律，它都是易于被雷击的部位。由于古建筑的屋顶造型比较复杂，接闪器一般采用避雷带（网）、避雷针混合组成，在正脊、垂脊、戗脊、挑檐部位的装设避雷带；正吻、套兽由于高出屋脊，在这些部位装设避雷针，避雷针高出被保护物顶端1米，并与避雷带焊接在一起，焊接处做防腐处理。避雷带、避雷针采用热镀锌圆钢或裸铜线制作，屋顶避雷带形成的网格不大于10m×10m或12m×8m。

（2）引下线

引下线的数量不得少于2根，间距不得大于18m。引下线的引下要选择合适的路径，尽量避开建筑物的正面，以减少对古建筑物整体效果的影响。当沿木结构引下时，应做好隔热处理。沿柱子引下的时候，为了不损伤柱体，尽量采用抱箍方式固定。沿墙引下时，一般明敷设用卡子固定在墙上。引下线的材料一般选用圆裸铜或镀锌圆钢。若对应着接地装置为独立接地装置，引下线在1.8m高度上还要设断接卡，以便测试接地极的接地电阻。若为公共接地，只设测试点，无需断接。

（3）接地装置

接地装置分独立式接地与公共式接地两种形式。对应每一根引下线都有一组接地装置为独立式接地形式，接地极采镀锌钢管或角钢或圆钢或铜板制作，通常采用SC50×2500镀锌钢管制作，间距5m，用40×4的扁钢连接。埋深0.6m，接地电阻小于10Ω。

公共接地极是指整个建筑物共用一组接地装置，其又分为人工与自然接地两种。人工公共接地装置一般用40×4扁钢制作，沿建筑物一周做成环状，埋深 0.6m。各系统与防雷接地共用接地极时，接地电阻小于 1Ω。

（4）感应雷的防护

感应雷的防护办法主要是把各种金属构件与接地极良好连接，如入户电缆的金属外皮、电缆的金属保护管、配电箱的外壳等。此外对进出户的电力线路、消防线路、安防线路装设专业的浪涌保护装置。

2. 整体防雷

主要是采用独立式避雷针，把整个古建筑群作为保护对象。根据建筑物的高度、布局确定避雷针高度及数量，避雷针的计算主要采用滚球法。

（1）单针避雷

图 5-15 为单针在保护范围的示意图。

$$r_X = \sqrt{h(2h_r - h)} - \sqrt{h_X(2h_r - h_X)} \quad \text{式1}$$

$$r_o = \sqrt{h(2h_r - h)}$$

其中 h_X——被保护物的高度

　　　h——避雷针的高度的高度

　　　h_r——滚球半径，对于二类防雷建筑 $h_r=45m$

　　　r_X——避雷针 h_X 高度 XX' 平面的保护半径

　　　r_o——避雷针在地面的保护半径

（2）双针避雷

图 5-16 为双针保护范围的示意图。

双支等高避雷针的保护范围，在避雷针高度 h 小于或等于 h_r 的情况下，当两支避雷针的距离 D 大于或等于 $2\sqrt{h(2h_r - h)}$ 时，应各按单支避雷针的方法确定；当 D 小于 $2\sqrt{h(2h_r - h)}$ 时，应按下列方法确定。

A. AEBC 外侧的保护范围，按照单支避雷针的方法确定。

B. C、E 点位于两针间的垂直平分线上。在地面每侧的最小保护宽度 bO 按下式计算：

$$bO = CO = EO = \sqrt{h(2h_r - h) - (D/2)^2}$$

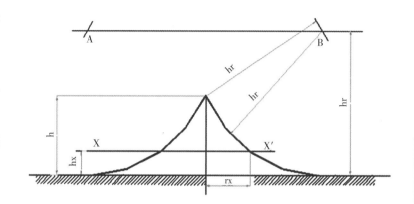

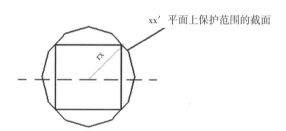

图 5-15　单针避雷保护范围

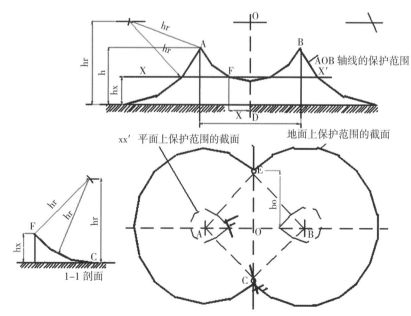

图 5-16　双针避雷保护范围的示意图

在 AOB 轴线上，距中心线任一距离 x 处，其在保护范围上边线上的保护高度 h_x 按下式确定：

$$h_x = h_r - \sqrt{h(2h_r - h) + (D/2)^2 - x^2} \qquad 式2$$

知道了被保护物的高度、面积、平面位置，我们就可以根据式 1、式 2 来确定避雷针高度及位置。由于避雷针是独立建造的避雷装置，不用在单体建筑上再单独架设避雷装置，对保持单体建筑的原貌，避免对单体建筑造成损坏方面有着非常重要的意义。但对被保护古建筑群的周围环境会造成一定影响，因此，独立式避雷针的数量越少越好，高度太高还需要增设航空障碍灯。如果能将避雷针跟其他构筑物结合起来，将会是一种很好的选择。如跟园区照明灯杆合二为一，或者靠近树木，沿树木的躯干引下，但必须考虑树木的保护问题。若在树木上固定，最好选择不燃绝缘铜线引下，选用塑料扎条固定。

接地装置跟单体建筑做法相似，为了保证接地效果，将所有独立式避雷针的接地连在一起，并将保护范围内的所有金属管线全部接地。

总之，古建筑的防雷必须科学地规划、科学的设计、科学的施工。既要保护古建筑的安全，又要保持古建筑的原有风貌。

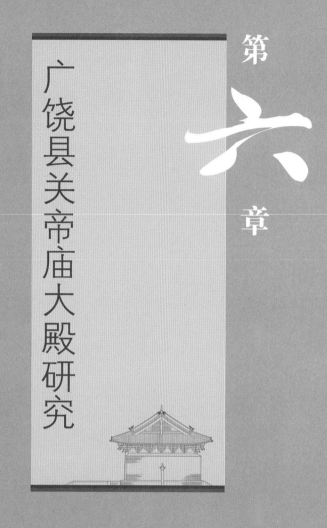

第六章

广饶县关帝庙大殿研究

第一节
大殿研究的意义与价值

一、大殿研究的意义

关帝庙大殿始建于南宋建炎二年（1128年），作为断代较为明确的早期木遗构，为充实中国建筑史研究的整体性，提供了直观可靠的实物认知资料。

中国古代的木结构建筑物，现存最早的地面遗构实例是唐代的山西五台南禅寺大殿。唐宋时期的木结构遗存建筑多分布于山西、河南、河北、辽宁等省份，关帝庙大殿是山东省现存最早的宋代木构建筑。且从全国留存的木遗构来看，南宋木构建筑留存极少。关帝庙大殿作为南宋遗构，尤为珍贵。

李诫编著的《营造法式》（以下简称《法式》），完成于宋元符三年（1100年），刊行于北宋崇宁二年（1103年），比关帝庙大殿的建筑年代早二十余年，通过勘察与测量，发现这座大殿中的许多构件的尺度、式样大多与《法式》规定一致，有的则完全相同。关帝庙大殿为作为中国建筑史核心内容的《法式》研究，提供了一个可供互证的典型实例（图6-1）。

二、大殿研究的价值

关帝庙大殿的自身形制与技术特点，决定了其在宋代建筑技术发展进程上，具有相应的地位和意义。就个案研究的层面来说，关帝庙大殿作为一个典型案例，在与《法式》的关联研究中应该引

图6-1
《营造法式》书籍封面

起高度关注，并推进对这一实例的认识深度。对大殿本身的技术体系、形制样式、设计规律，要进行深入的探讨。由于大殿营造年代的确定，及其与《法式》颁布年代的接近、构架体系的关联、构造样式的类似，凡此种种，都赋予了大殿作为重要技术标尺的特殊意义，为分析认识古代构架体系的特征以及梳理样式谱系的关系提供了重要参照（图6-2、图6-3）。

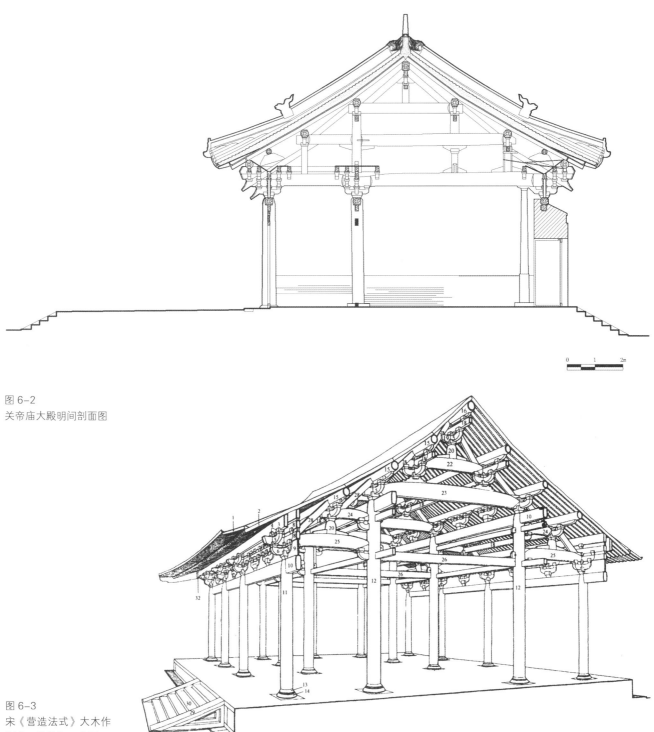

0　1　2m

图6-2
关帝庙大殿明间剖面图

图6-3
宋《营造法式》大木作
制度厅堂构架示意图

大殿现状

一、现状特点

关帝庙大殿自宋迄今已有 888 年，虽经历代修缮改易，然主体构架部分仍大致保存了原初宋构建的基本形制。此为关帝庙大殿现状最重要的特征，也是大殿最为重要的价值所在。

大殿位于现关帝庙之中轴中部，坐北朝南。大殿殿身面阔三间、进深两间六椽、屋顶厦两头造（图 6-4）。大殿殿身木作部分，虽有部分构件经后世修缮改易，但在主体构架上，宋构或宋式的特色仍较纯正。现状大殿室内靠近后檐柱位置添加有两根木柱，应是后世为维持大殿的结构稳定性所加；大殿前进间

上部空间保留有藻井框架，大殿的此藻井应是在后世的修缮改易中被损毁。大殿山面后檐柱柱头铺作上施自然弯曲丁栿，丁栿前端压在耍头上，丁栿后尾搭在四椽栿上；在中国古代木构的研究中学术界一致认为弯材的使用是元代的特征，但对于大殿而言需进一步的求证。大殿主体木作构架以外的石作、瓦作部分以及外檐装修，其现状基本上是后世修缮改易的结果。

二、基本形制

关帝庙大殿，面阔三间、进深二间六椽，平面近方形，单檐歇山顶。其面阔三间中，当心间前檐补间铺作两朵，

图 6-4
关帝庙大殿的全景

后檐补间铺作一朵；东西两次间各补间铺作一朵；进深两间六椽，前进间两椽，后进间四椽；檐柱12根，内柱2根，共14柱，平面柱网规整。

大殿整体构架为殿堂形式，横架四缝梁架，心间两缝主架为"六架椽屋前乳栿对四椽栿用三柱"的形式；两次间各一缝山面梁架，由平梁、蜀柱和叉手构成。

大殿内柱基本等高于檐柱，前内柱在前上平槫分位。前檐柱与内柱之间，以梁栿拉结联系，梁头绞于外檐柱头铺作中，梁尾插于内柱柱头铺作中；山面檐柱与内柱之间，用阑额拉结联系，阑额两头加插入山面檐柱和内柱柱身内。大殿外檐斗栱五铺作重栱出双下昂，内檐斗栱五铺作出双抄。前进间的两椽空间内保留有八边形藻井框，原来应设有藻井，其原初的具体做法，有待进一步进行深入的复原研究；后进间四椽架空间彻上露明，空间高敞。殿内心间中部靠后设有砖石砌筑的佛座，佛座后壁为佛屏背板。

第三节
大殿构架类型研究

一、平面与空间形式

考察大殿的现状，当心间宽4.74米，合15尺；次间宽3.21米，合10尺；通面阔11.16米，合35尺。心间与次间两者之比为2.96：2，接近3：2，是宋代建筑中常见的开间划分类型（图6-5）。进深方向采用六架椽屋乳栿对四椽栿用三柱的构件形式，通进深9.96米，合32尺（表6-1）。现状的大殿空间围合形式为墙体等维护结构沿檐柱周圈围合，大殿柱墙的交接关系为厚墙包砌檐柱的形式。

1.大殿用柱

大殿平面中四周檐柱十二根，殿内金柱两根，各柱都是圆形。柱径尺寸略有差异，以明间正面檐柱为最粗，柱径尺寸为50厘米；正面角柱柱径为46.5厘米；山面及后檐檐柱柱径均为35厘米；两根金柱的柱径分别为42厘米、45厘米。大殿柱子以正面檐柱和内柱较粗壮，山面和后檐檐柱略细，这应该是跟大殿四周有砖墙做维护结构有关，同时也体现了大殿在营造之时注重区分内外，强调

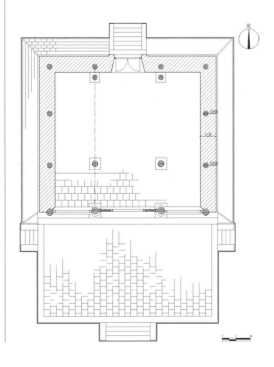

图6-5
关帝庙大殿平面图

方位	房间名称		长度 （单位：厘米）	折算长度 （单位：尺）	长度 （单位：厘米）	折算长度 （单位：尺）
面阔（东西向）（柱头间距）	明间		474	15	111.6	35
	东次间		321	10		
	西次间		321	10		
进深（南北向）（柱头间距）	前进间		316	10	996	32
	后进间	山面前檐柱与后檐柱间	354	11		
		山面后檐柱与角柱间	316	10		

外观面的重要性。在现存的大殿平面布局中，大殿室内明间后檐檐柱前有两根柱径略小的木柱，应为后期加强结构稳定性添加。

大殿明间檐柱柱高 3.79 米（包括柱础高 11 厘米），角柱柱高 3.88 米（包括柱础高 11 厘米），内柱柱柱高 3.79 米（包括柱础高 12 厘米），如图 6-6 所示。以大殿正面檐柱和内柱来看，柱高与柱径比为 7.6 ∶ 1~9 ∶ 1。河南少林寺初祖庵大殿，柱高与柱径之比约为 7 ∶ 1。

大殿柱子的排列基本上纵横成行，唯两后内柱被减去，这种做法习惯上称为"减柱造"。大殿减去两根后内柱的目的应该是扩大摆放佛像的空间。现存实物中柱子的排列，在唐和辽初的重要木构建筑中都是纵横成行，整齐有序；辽中叶以后由于使用上的要求，平面中柱子的排列出现了一些变化，大体上有两种做法，分别称为"减柱造"和"移柱法"。

图 6-6
关帝庙大殿外檐柱

减柱造就是在十字格式的柱网中减去一些柱子，通常只减前内柱或后内柱，关帝庙大殿采取的是减后内柱的做法。金代建筑中减柱造的实例更多一些，元代建筑中几乎成为普遍的做法。现存最早的实例为辽宁省义县奉国寺大殿（1020年），面阔九间，进深五间，前排金柱中减去正中五间柱，只剩下两边的金柱（图6-7）。另外还有山西太原晋祠圣母殿、山西五台山佛光寺文殊殿、山西朔州崇福寺弥陀殿、山西大同善化寺三圣殿等。

2. 大殿空间形式

大殿两间六椽的整体空间形式，以大殿前进间两椽的空间为礼佛空间，上部施加藻井；后进间四椽的空间是以佛像为中心的空间，其上为彻上露明，空间高敞。后进间空间又可分作两部分，即佛像所在的核心空间与三面环绕的行佛空间。位居大殿中心的空间，设佛坛佛像，为佛的空间。佛的空间的左右后三面，环绕稍低的两椽空间。佛殿的空间形式特征，在于其空间关系与主次秩序。因礼佛仪式而产生的空间领域特色，影响和左右着佛殿的空间形式。

二、梁架

大殿的梁架为彻上明造，与《法式》所绘"六架椽屋前乳栿对四椽栿用三柱"的图样相似（图6-8、图6-9），全部梁架由周圈檐柱及两根内柱承托。檐柱柱头部位施阑额，至角柱出头垂直切割。柱头上未施普拍枋，按《法式》卷四平座条内容记载，普拍枋仅是在楼阁的平座中使用，"凡平座铺作下用普拍枋，厚随材广，或加一栔。其广尽所用方术"。现存实物中，辽代蓟县独乐寺观音阁与此规定一致，平座斗栱下用普拍枋、阑额，上下檐柱头间仅用阑额无普拍枋。除此以外在现存唐、五代及宋代早期的建筑中，如五台南禅寺大殿（唐代）、五台山佛光寺东大殿（唐代）、蓟县独乐寺山门（辽代）、平遥镇国寺大殿（五代）、福州华林寺大殿（五代）、宁波保国寺大殿（北宋）、敦煌几座宋初建筑的窟檐以及河南少林寺初祖庵（北宋）（图6-10）等都不用普拍枋。檐柱柱头用普拍枋最早的实例为五代晋天福五年（940年）建的平顺大云院大殿，直到北宋中叶以后几乎普遍应用。但《法式》规定仍然仅限于平座斗栱下使用。因为柱头

图6-7
辽宁省义县奉国寺大殿
减柱做法

图 6-8
关帝庙大殿次间横剖面图

第六章

广饶县关帝庙大殿研究

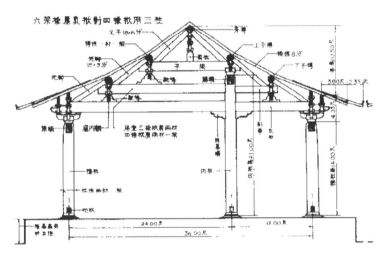

图 6-9
《梁思成全集（第七卷）》
厅堂等六架椽间缝内用
梁制度图样

的普拍枋对增加整体构架的强度有益，故各地工匠多不按《法式》规定施行，在北宋中叶以后普遍应用此种构件的情况下，关帝庙大殿的情况就显得比较特殊，这是大殿与《法式》规定做法相符的一明显特征。

梁架中在前内柱的斗栱上又立一根童柱支在平梁前端，梁架中前檐劄牵及三椽栿都插入童柱中，这根接长的内柱，

其设计意图应与《法式》卷五中"厅堂等屋内柱皆随举势定其短长"的规定向吻合，实际上是将楼阁中叉柱造的方法应用在单檐建筑梁架中。平梁上置叉手、蜀柱支承脊槫，平梁后端用大斗。后上平槫下处施蜀柱，即蜀柱坐于三椽栿背上。此蜀柱与童柱共同承托平梁。前乳栿和四椽栿插入檐部柱头斗栱和内柱柱头斗栱内。在与丁栿后尾相搭接处施加

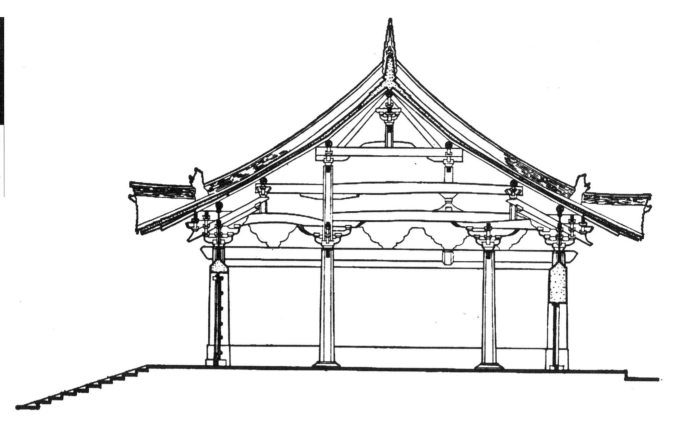

图 6-10
初祖庵大殿横剖面图

短柱、斗和替木。

　　两山面梁架，前檐柱与内柱之间，用阑额拉结联系，阑额两头加插入山面檐柱和内柱柱身内，阑额中部施五铺作出双抄，铺作上立蜀柱承托次间梁缝的平梁。山面后檐柱柱头铺作上施自然弯曲丁栿，丁栿前端压在要头上，丁栿后尾搭在四椽栿上。丁栿上立蜀柱承托次间梁缝的平梁。

　　整体梁架的横向联系，于脊槫、上平槫下用单材襻间枋，明间正中施襻间斗栱。

　　大殿梁架结构部件细部做法与《法式》相比较，亦多相似之处，如表 6-2：

关帝庙大殿梁架结构部件细部做法与《营造法式》规定（卷五）比较　　　表 6-2

关帝庙大殿	《营造法式》规定（卷五）
柱径（以内柱看）42 厘米、45 厘米（折合 35 分、37.5 分，即接近两材一栔）	殿阁柱径两材两栔至三材，厅堂柱径两材一栔
阑额 24.5 厘米 ×24.5 厘米（合 20.4 分 ×20.4 分）	广加材一倍厚减广三分之一（即 30 分 ×20 分）
槫径 27 厘米（折合 22.5 分，接近一材一栔）脊槫广 30 厘米（25.4 分）	殿阁槫径一材一栔加材一倍，厅堂槫径加材三分至一栔
椽径 12 厘米（折合 10 分，折合宋尺 3.8 寸）	殿阁椽径九分至十分，厅堂椽径七分至八分
檐出 110 厘米（折合宋尺三尺五寸）	造檐之制皆从撩檐枋心出，如椽径三寸，即檐出三尺五寸
飞椽平出 39.8 厘米	檐外别加飞檐，每檐一尺出飞子六寸

三、歇山与山面构架

歇山作为中国古代屋顶形式之一，不仅有时代的变化，且又有地域的差异。关帝庙大殿屋面形式为单檐歇山的形式。歇山山面的构造做法是整体木构架中最复杂多变的部分，包括山面梁架、转角与厦架的做法与形式。《法式》大木作制度中记述了宋代歇山的两种形式：基于厅堂的厦两头和基于殿阁的九脊殿。《法式》中关于歇山的相关记载，大木作制度的造角梁之制："凡厅堂若厦两头造，则两梢间用角梁转过两椽（小字注：亭榭之类转过一椽。今亦用此制为殿阁者，俗谓之曹殿，亦曰汉殿，亦曰九脊殿）。"

大殿的两山面的做法为，于东西次间中部下平槫缝上，别立一缝山面梁架，用以支承两山出际。现状山面两厦由檐柱缝向内深一架椽，至下平槫缝止，并以下平槫承厦椽后尾（图6-11）。大殿现状歇山构架做法，大致代表了宋以后北方歇山构架的通常形式。北方明、清以后，多数歇山做法中，厦椽后尾及山面梁架，改由踩步金构件承托。大殿现状两山构架，虽大致尚存宋式规制，然后世修缮改造亦较明显大殿两山构架不仅部分构件已非宋物，而且一些做法也已非宋式原状。

山面构架形式

歇山构架上的山面梁架，专指于梢间里缝横架外别立的一缝梁架，位于山面，故称山面梁架。山面梁架是为歇山出际和厦架构造而设的。其作用主要在

图6-11
关帝庙大殿山面构造做法

第六章
广饶县关帝庙大殿研究

于外推出际起点、增加纵架长度以及角梁椽架配置等方面，这对于平面近方的三间构架尤为重要。山面梁架的设置，带来了歇山构造上的相应变化。别立的这一缝山面梁架，因落于梢间中缝，故需加以支承。山面梁架一般多由平梁、蜀柱和叉手构成。

关帝庙大殿的山面构架，大殿两山以柱间阑额承托的补间铺作和自然弯曲的后丁栿为下层支点，上立两蜀柱，置大斗，承山面下平槫；以下平槫为底座，上再立两蜀柱、置大斗，两斗间施平梁，平梁两端承上平槫，中立蜀柱，其上置斗施栱承脊槫，槫侧施叉手，由此构成山面梁架。大殿两山下平槫交圈，上平槫及脊槫自此向外出际（图6-12）。别立山面梁架、外推出际起点，对于方三间构架而言，尤为必要。

丁栿做法是南北歇山构架的主要形式，即以丁栿作为承托山面梁架的底层支点。关帝庙大殿在丁栿做法上有一定的地域特色和自身特点，前丁栿分位未

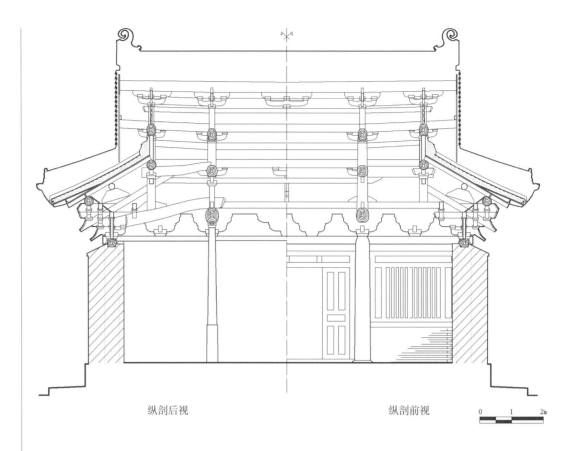

图 6-12
关帝庙大殿纵剖面图

纵剖后视　　　　　　　　　　　　　　　　纵剖前视

0　　1　　2m

用丁栿而是用阑额加补间铺作代替丁栿，后丁栿取用的是自然弯曲的木料，适材而用。丁栿与梁柱的交接关系，南北方做法不同，一般江南丁栿皆为梁尾入柱做法，而北方构架则丁栿后尾搭于横架梁栿上，类似清代的顺梁做法。关帝庙大殿后丁栿后尾搭于横架梁栿上。丁栿一般多为丁乳栿，丁三椽栿则较少见，关帝庙大殿即为丁乳栿形式。

不过，屋顶举高较高的在同时期建筑中不乏例证。如河北正定隆兴寺转轮藏殿的屋顶举高为 1/3.37；河南少林寺初祖庵大殿的屋顶举高为 1/3.18；浙江宁波保国寺大殿的屋顶举高为 1/3。《法式》规定屋顶举高，殿堂 1/3，厅堂 1/4。大殿的举高不完全同于《法式》的举折制度规定，介于殿阁举折与厅堂式构架的举折之间。

四、屋面举折

关帝庙大殿的屋顶较高，前后撩风槫中心的水平距离为 1128 厘米，自撩风槫上皮至脊槫上皮高 348 厘米，屋顶举高为 1/3.24（图 6-13）。现存同期的古代建筑的屋顶举高一般都在 1/4 左右。

五、殿堂型构架

关帝庙大殿是山东省现存最早的方三间殿堂遗构。大殿面阔三间，进深六椽三柱，单檐歇山顶。面阔、进深尺度相近，且面阔略大于进深，平面近方形。檐柱 12 根，内柱 2 根。

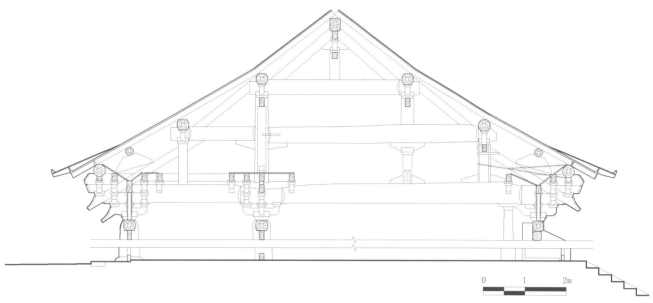

图 6-13 关帝庙大殿明间梁架剖面

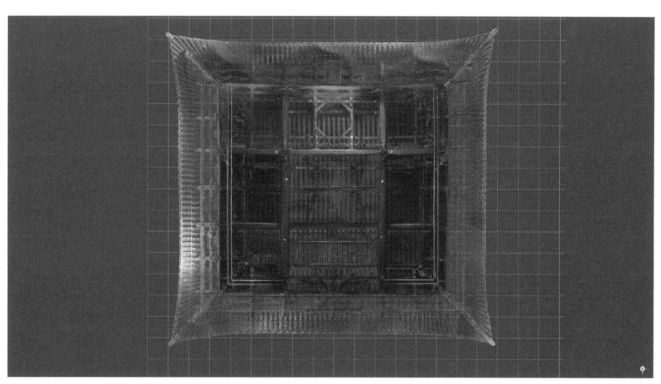

图 6-14 关帝庙大殿梁架三维扫描仰视点云图

大殿构架形式，横架四缝梁架，心间两缝为"六架椽屋前乳栿对四椽栿用三柱"的形式；两次间各一缝山面梁架，由平梁、蜀柱和叉手构成，承两山出际。

关帝庙大殿构架形式，代表了北方方三间殿堂构架的传统。（图6-14）现存宋元殿堂遗构中少林寺初祖庵大殿的构架基本形制与关帝庙殿如出一辙。

第四节

大殿铺作配置与斗栱型制

一、铺作配置

由唐至宋，建筑最显著的变化，莫过于斗栱的演变与发展，其中尤以铺作配置的变化最为突出，具体表现为补间铺作由一朵向两朵的演进。

关帝庙大殿面阔三间，正面面阔心间补间铺作两朵，东西次间各一朵；后檐心间、次间补间铺作各一朵。大殿进深三间，前进间、中进间、后进间补间铺作各一朵。内檐心间补间铺作配置与外檐心间补间铺作配置相同。北方与关帝庙大殿时代相近的遗构还有少林寺初祖庵大殿和隆兴寺摩尼殿殿身。其中，初祖庵大殿面阔三间，进深三间，其补间铺作配置，正面面阔心间两朵、次间一朵的形式，其侧面前进间、中进间、后进间补间铺作各一朵，同于关帝庙大殿。

北方宋、金时期，补间铺作两朵做法仍为个别，极少有用补间铺作两朵的形式。现存的木遗构实例，除关帝庙大殿外，再就是北宋中期河北正定隆兴寺摩尼殿殿身（1052年）、北宋末少林寺初祖庵大殿。北方补间铺作两朵做法的趋多，始自元代以后。从整体来看，北方的铺作配置的发展演变滞后于南方。补间铺作两朵的做法，南方至少在五代即已成熟和盛行。

关帝庙大殿补间铺作与柱头铺作的整体关系，主要是通过扶壁栱与外跳罗汉枋、替木、撩风槫以及里跳罗汉枋、昂尾平槫等水平构件拉结联系而达到的。外檐补间铺作里转做计心，用罗汉枋拉结，加强铺作间的整体联系。

二、斗栱型制

关帝庙大殿斗栱形式为五铺作重栱出双下昂，大殿斗栱用接近六寸材，近于《法式》六等材，用材等级较低，相当于《法式》规定的亭榭、小厅堂所用材等（图6-15）。

关帝庙大殿斗栱的细部做法、尺度与宋代《法式》比较列表如下：

由表中可以看出大殿斗栱的式样，细部做法大多与《法式》规定相吻合，唯斗栱用材较小，耍头稍长。关帝庙大殿的斗栱用材与初祖庵大殿的用材情况相类，且耍头都稍长。同样的做法，出现在同时期的两座构架相似的三开间大殿中，值得深思。

大殿斗栱类型，依布置位置分外檐斗栱和内檐斗栱两种。

（1）外檐斗栱

大殿外檐斗栱计二十五朵，分作柱头、补间及转角三种，总体上统一为五铺作斗栱形式。所有外檐斗栱，其外跳形式皆同，为五铺作重栱出双下昂形式，而里转形式则有所不同。

a.柱头铺作

大殿外檐柱头斗栱，外跳五铺作重栱造双下昂，首跳重栱计心，第二跳昂头施

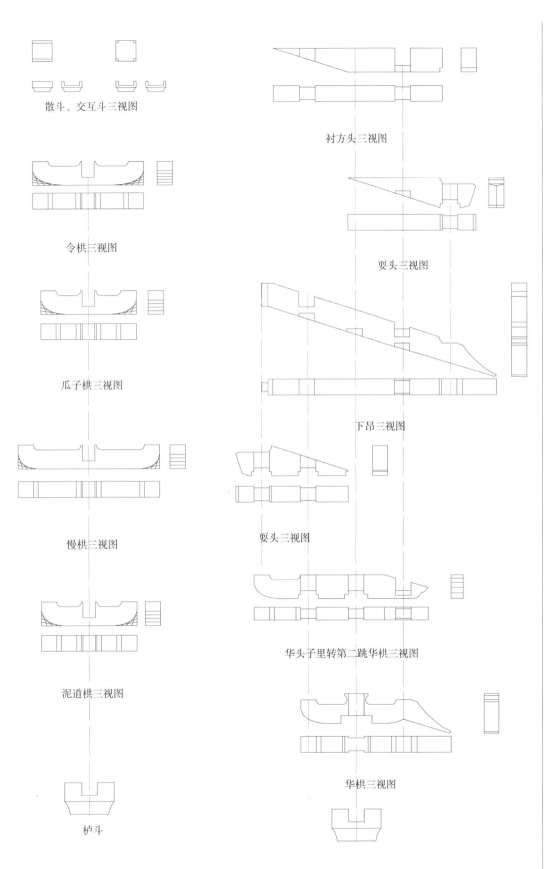

散斗、交互斗三视图

衬方头三视图

令栱三视图

耍头三视图

瓜子栱三视图

下昂三视图

慢栱三视图

耍头三视图

泥道栱三视图

华头子里转第二跳华栱三视图

栌斗

华栱三视图

图 6-15
大殿斗栱构件详图

关帝庙大殿斗栱做法尺度与《营造法式》规定（卷四）比较　表6-3

关帝庙大殿	《营造法式》规定（卷四）
斗栱用材为18厘米×12厘米，即5.6寸×3.8寸，约合《法式》中六等材；栔高7厘米（合5.8分）	殿三间用四等材，殿小三间用五等材 六等材用于亭榭、小厅堂 栔高6分
柱头斗栱、补间斗栱、转角斗栱都用方形栌斗	
补间斗栱，前檐明间两朵，次间一朵；后檐明间一朵，次间一朵	"当心间须用补间铺作两朵，次间及梢间各用一朵"
室内不用天花为彻上明造，上昂后尾挑一斗	"若屋内彻上明造，即用挑斡，或只挑一枓，或挑一材两栔（谓一栱上下皆有枓也）"
下昂前端昂尖平出	"下昂自上一材垂尖向下，从枓底心下取直，其长二十三分"
栱长：泥道栱78厘米（合65分） 瓜子栱78厘米（合65分） 慢　栱111厘米（合92.5分） 泥道慢栱111厘米（合92.5分） 令　栱88厘米（合73.3分） 华　栱88厘米（合73.3分）	泥道栱，瓜子栱长62分 慢栱长92分 令栱长72分 华栱长72分
斗栱出跳： 内外出第一跳为36厘米（合30分） 第二跳为36厘米（合30分）	一般情况下各跳皆为30分，"若铺作多者里跳减二分……六铺作以下不减"
要头用足材，广26厘米（合21.7分），长37.5厘米（合31.3分）	"造要头之制用足材，自枓心出长二十五分"

图6-16
关帝庙大殿柱头铺作正立面图

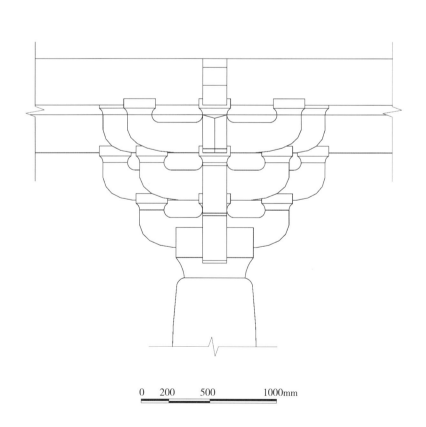

0　200　500　1000mm

令栱承替木、撩风槫，令栱处相交出要头；里转出单抄承乳栿，栿上出昂身长一架，抵下平槫缝处，插入蜀柱内，压于劄牵下。大殿两山及前檐三面柱头斗栱皆为此式，唯后檐柱头斗栱，外跳五铺作重栱造单抄单下昂，首跳重栱计心，第二跳昂头施令栱承替木、撩风槫，令栱处相交出要头；里转出单抄承四椽栿，栿上出昂身长一架，抵下平槫缝处，插入蜀柱内，压于劄牵下（图6-16、图6-17）。另外，东西两山前柱的柱头斗栱，里转于45°缝上加出虾须栱两跳，以承前廊的绞角算桯枋。

b. 补间铺作

大殿补间斗栱外跳皆同柱头斗栱，唯里转部分依位置而有所不同。前檐及两山补间斗栱里转五铺作出双抄，首跳重栱计

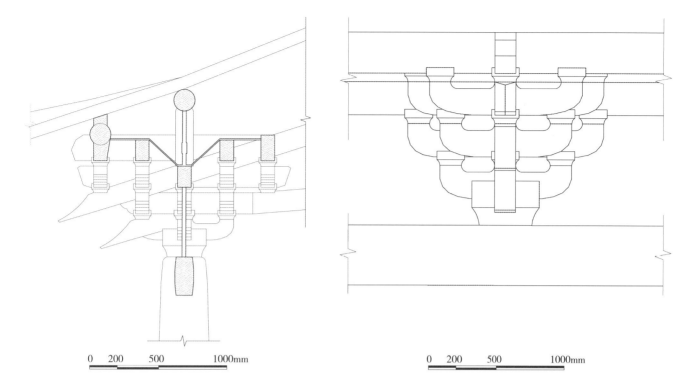

0 200 500 1000mm

0 200 500 1000mm

心，第二跳单栱计心，分承罗汉枋与算桯枋。下道昂止于铺作中缝处；上道昂尾挑至下平榑缝，昂尾承斗栱，挑一材两栔，至于下平榑。（图6-18、图6-19）

后檐心间补间铺作为"米"字形斜栱，外跳、里跳两向出同前檐补间铺作，另于45°缝上出栱，内外分别出栱两跳，与华栱共同承托令栱，里外跳令栱作成三个令栱鸳鸯交手状。斜栱是装饰性极强的斗栱构造做法。东南大学陈薇教授称斜栱"虽然远谈不上中流砥柱，但也非隐沤潜流"，并在《斜栱发微》一文中对斜栱构造做了深入的专题研究。

后檐次间补间铺作，重栱造单抄单下昂，首跳重栱计心，第二跳昂头施令栱承替木、撩风榑，令栱处相交出耍头；里转五铺作出双抄，首跳重栱计心，第二跳单栱计心，分承罗汉枋与算桯枋。昂尾挑至下平榑缝，昂尾承斗栱，挑一材两栔，至于下平榑。补间铺作构造的

特点在于以下昂外承替木、撩风榑，里挑下平榑，达到檐步受力的平衡。

c. 转角铺作

大殿转角斗栱，大殿前檐与后檐转外跳形式相同，外跳两向正出同柱头铺作，另出角昂两缝，其上加施由昂一道。角缝第一、二跳抄头设正出十字栱，逐跳成瓜子栱及令栱与小栱头相列的形式（图6-20）。转角里转出角华栱两跳，其上角昂昂尾抵至下平榑。两向正身昂尾贴附于角昂两侧。后檐转角斗栱的里转部分彻上明造，做法不同于前檐内转角，内转角华栱后尾叉立垂花柱支承下平榑。华栱后尾叉立垂花柱支承下平榑的做法，属于宋元之际比较晚期的做法，这个有待进一步的深入研究。

外檐斗栱用材，柱头铺作与补间铺作华栱均用足材，顺身栱枋皆为单材。

（2）内檐斗栱

关帝庙大殿内檐斗栱，指大殿内柱

图6-17（左）
关帝庙大殿柱头铺作侧立面图

图6-18（右）
关帝庙大殿补间铺作正立面图

第六章 广饶县关帝庙大殿研究

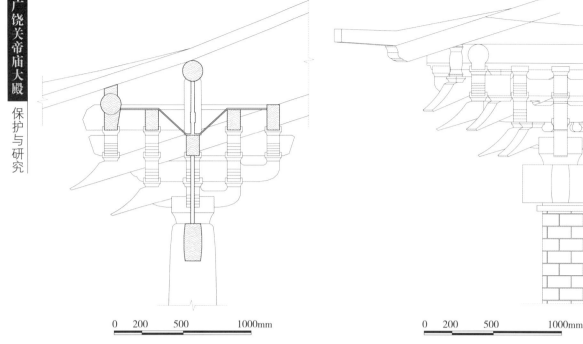

图 6-19（左）
关帝庙大殿补间铺作侧立面图

图 6-20（右）
关帝庙大殿转角铺作

斗栱和梁上斗栱。

　　a. 柱头铺作

　　大殿内檐柱头斗栱形式，为五铺作重栱造，外转出单抄承乳栿，令栱坐于乳栿背承算桯枋；外转出单抄承四椽栿，令栱坐于乳栿背承枋木。内檐柱头铺作形式较外檐简洁、适当，且与构架交接处理上灵活而有机。

　　b. 补间铺作

　　大殿内檐补间铺作，内檐心间两朵，次间各一朵。斗栱形式，为五铺作重栱造。外转五铺作出双抄，首跳重栱计心，第二跳单栱计心，分承罗汉枋与算桯枋；内转五铺作出双抄，首跳偷心，第二跳单栱计心，不施散斗，直接承枋木。

<hr/>

第五节

大殿样式做法

　　样式风格是技术体系的外在表现。关帝庙大殿样式做法包括大木作、小木作、石作、瓦作等诸方面，本节关于大殿的样式做法分析，主要针对大木作，针对可辨识的宋物、宋式，进而探讨宋元间样式做法的演变和发展。

一、大殿样式型制

1. 大殿藻井

　　关帝庙大殿前廊空间中部（即檐柱与内柱围合的空间上部）保留有藻井框，

即由算桯枋和随瓣枋搭构成的八角井口。藻井的设置，是关帝庙大殿构成上的一个重要特色（图6-21）。遗憾的是，在后世的修缮改易中，藻井的基本形制已损毁。从大殿现有的殿堂间架结构的配置营造出相应的空间形式和意向来看，大殿很有可能是藻井与平棊并置，丰富和表现大殿空间的形象及意义。藻井天花的形制复原是关帝庙大殿整体形制研究中的一个重要部分，此工作有待后面进一步的深入研究。

2. 梁栿样式

关帝庙大殿的梁栿共有乳栿、四椽栿、三椽栿、平梁和劄牵等，其中乳栿由平直的前乳栿和两山面的自然弯曲乳栿两种（图6-22~图6-25）。自然弯曲

图6-21　关帝庙藻井

图6-22　关帝庙大殿梁栿细部（1）

图6-23　关帝庙大殿梁栿细部（2）

图6-24　关帝庙大殿梁栿细部（3）

图6-25　关帝庙大殿梁栿细部（4）

乳栿的运用是关帝庙大殿中梁栿样式的一个显著特色。大殿前乳栿采用了仿月梁式直梁，尤其是梁底的做法显著。仿月梁式的做法，应该是工匠对前廊空间装饰性的追求。其余梁栿皆采用的是直梁样式。直梁的做法是五代宋金时期北方木构建筑中梁栿的一种普遍做法。直梁在端部收窄为一材后，梁栿端部变截面处不作斜项，而是竖直收肩，收肩做成弧形卷杀式。

关帝庙大殿中的梁栿的具体尺寸如下表。《法式》卷五造梁之制中规定了各种跨度梁栿的材广和断面比例，"凡梁之大小，各随其广为三分，以二分为厚。凡方木大小，须缴贴令大；……若直梁狭，即两面安樽栿板。"

| | | | | 关帝庙大殿梁栿尺寸 | 表 6-4 |
名称	前乳栿	四椽栿	三椽栿	平梁	后丁栿
广和厚（厘米）	405×296	430×399	339×329	350×284	355×280

3. 阑额

关帝庙大殿于檐柱间、檐柱与内柱间施有阑额。以构件性质而言，阑额为枋类构件，而非梁栿类构件，通常皆为方直形式。关帝庙大殿的阑额样式同梁栿样式，唯其断面尺寸小于梁栿尺寸，大殿阑额的断面尺寸为 24.5cm×24.5cm（合 20.4 分 ×20.4 分）。木构建筑的整体稳定性，以柱头联系最为关键，从而演化出相应的构造做法和补强措施，阑额是联系柱头最重要的构件。大殿阑额的作用为加强柱间联系的稳定性，同时承托补间铺作。

关帝庙大殿在山面前丁栿梁架位置未施丁栿，而是置阑额，并于阑额上施重栱造出双抄铺作的特殊做法。工匠将阑额的结构作用和斗栱结构作用相结合，用二者的组合取代了丁栿构件。从整个大殿的空间形式来看，应该是工匠在有意识地用柱头铺作、补间铺作及藻井的木作装饰性去营造一个整体性统一的空间，是对前廊空间装饰性的追求。即工匠充分考虑了斗栱的结构性和装饰意义。

4. 襻间

襻间是一种联系构件，施用于梁架槫下，起拉结补强作用，加强结构的整体性。关帝庙大殿于心间两缝横架平梁上之相向蜀柱间施加襻间，襻间长随间广，其加强两缝梁架间的拉结联系，同时起到补强脊槫的作用（图 6-26）。另外，大殿于内柱缝的前檐上平槫下及后檐上平槫下分别施用襻间。

二、大殿构造做法

1. 角梁做法

歇山构架的特点在于转角做法，即《法式》所谓转角造，指稍间椽架转过 90° 的构造做法。关帝庙大殿的大角梁长一架，转角一椽。依《法式》造角梁之制规定，殿阁大角梁长一架，转角一椽。厅堂厦两头造用角梁转过两椽，且此制亦可转用于殿阁。北方的早期木遗构中角梁转过一椽做法的实例有平遥镇国寺万佛殿（北汉）、山西榆次雨花宫（1008年）、太原晋祠圣母殿（1102年）、河南

图 6-26
关帝庙大殿襻间做法

第六章
广饶县关帝庙大殿研究

图 6-27（左）
关帝庙大殿后檐角部构
造做法

图 6-28（右）
关帝庙大殿前檐角部构
造做法

少林寺初祖庵大殿（1125 年）。

角梁是转角造的关键构件之一，其做法随时代和地域变化而不同。关帝庙大殿歇山转角构造做法上，大角梁前端支点在撩风槫，后尾支点则在下平槫，压于下平槫下（图 6-27、图 6-28）。宋代大角梁后尾与平槫的构造关系，南北不尽相同，大角梁后尾构造在宋以后表现出明显的南北差异：北方大角梁后尾逐渐由搭于平槫上转至压于平槫下，而南方大

角梁则始终保持搭于平槫上的古制。

2. 山面出际做法

关帝庙大殿出际尺寸，实测均值104cm，合 3.3 尺。关于山面出际做法，《法式》中有相关记载。《法式》卷五大木作制度·出际之制："凡出际之制，槫至两梢间，两际各出柱头（又谓之屋废）。如两椽屋，出二尺至二尺五寸；四椽屋，出三尺至三尺五寸；六椽屋，出三尺五寸至四尺；八椽至十椽屋，出四尺五寸

至五尺。若殿阁转角造，即出际长随架（小字注：于丁栿上随架立夹际柱子，以柱槫梢；或更于丁栿背上添系头栿）。"依《法式》出际规制，六架椽的关帝庙大殿出际应随架长，大殿檐槫至下平槫间的椽架长为4尺，大殿出际尺寸与之相比略小；若按六架椽屋出三尺五寸至四尺来看，大殿3.3尺的出际尺寸，亦小于其规定，而是于四架椽屋出三尺至三尺五寸相吻合。

《法式》关于殿阁转角造中记有夹际柱子与系头栿构件，在关帝庙大殿山面梁架中这两种构件均未出现。横向考察北方宋金木遗构的出际做法，以柱槫梢的夹际柱子实例较多，其中典型实例有五代大云院弥陀殿、北宋的初祖庵大殿、金代崇福寺观音殿等。另外，《法式》七卷·小木作制度二·造垂鱼惹草之制中规定"垂鱼长三尺至一丈"，关帝庙大殿现存的悬鱼长约208cm，合6.6尺，与《法式》中的规定相吻合。

3. 承檐做法

从现存的早期木遗构和《营造法式》中的造檐之制来看，宋代斗栱承檐做法大致有两种形式，一是令栱承撩檐枋做法，一是令栱替木承撩风槫做法。二者构造样式不同，且反映有地域性特色，是表现建筑构造样式特色的一个重要方面。

关帝庙大殿承檐构造做法为替木承撩风槫形式，这是北方现存唐、宋、辽、金遗构中惯用的传统做法。在北方宋、辽、金遗构中，仅初祖庵大殿等少数几例为撩檐方做法；令栱承撩檐枋形式常见于江南遗构中，如浙江宁波保国寺大殿等。

关帝庙大殿承檐斗栱形式为重栱造五铺作出双下昂、外跳昂头施令栱替木承撩风槫，其令栱处要头相交并出头。令栱是承檐构造的主要构件，而要头则为拉结扶持令栱之构件。北方承檐斗栱及《法式》相关记载，都有与令栱相交的要头。大殿承檐斗栱用遮椽板，具有装饰性。

附录一

资料辑录

　　该部分主要收录了东营市历史博物馆业务人员对广饶关帝庙大殿的相关研究和论述，同时对广饶旧志《青州府志》、《东营文化通览》中相关资料进行了辑录，以便读者查寻考证。

山东广饶关帝庙正殿

作者：颜华

广饶关帝庙正殿，位于山东省东营市广饶县城内西北隅（现东营市历史博物馆内）。殿所属原寺名无考，明清时期称"关帝庙"。据清嘉庆五年（1800 年）《重修乐安关帝庙碑》记载[①]，该庙始建于南宋建炎二年（1128 年）。庙内原有三义堂、春秋楼、戏台等建筑（均系明清时的配套建筑），现已无存，仅余正殿三间。

该殿是一座面阔三间，进深三间，单檐歇山绿琉璃瓦顶的木构建筑。殿高 10.39 米、东西阔 12.63 米、南北进深 10.70 米，坐落于 1.12 米的台基上。其构架方式为明间六架椽屋，乳栿对四椽栿，用三柱，斗栱重昂五铺作。檐柱间有侧角升起，斗栱铺作前檐与两山相同，后檐略有变化，前檐五铺作重栱出双下昂，里转五铺作重栱出双抄。后檐外转五铺作重栱出单抄单下昂，当心间 45°斜出补间铺作一朵。搏缝结点间使用蜀柱、叉手、托脚、丁华抹颏栱、合楂等唐宋建筑形式的构件。梁栿卷刹规整，具有明显而独特的早期木构建筑特征。经专家考证约为宋元时期作品（图 1~图 5）。

此殿规模雄伟，保存完好，木构架基本未经后世更换，是山东省现存时代最早的木构建筑，为研究我国早期的建筑技艺提供了珍贵的实物资料。鉴于该殿所具有的历史、艺术和科学研究价值，1977 年 12 月被列为山东省首批重点文物保护单位，并被推荐为第四批全国重点文物保护单位。

——本文原载于《文物》1995 年第 1 期

[①] 山东广饶县在南宋、元、明、清诸朝均为乐安县。

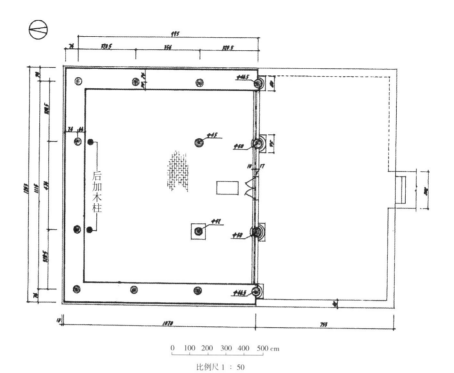

比例尺 1：50

图1 关帝庙正殿平面图

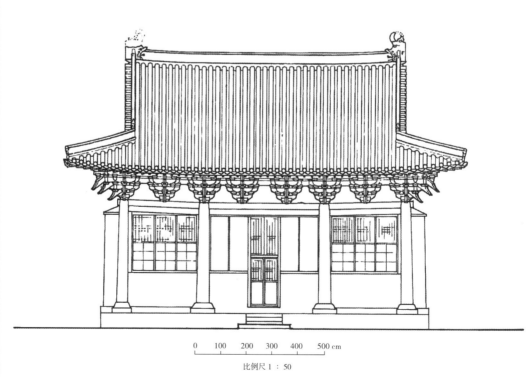

比例尺 1：50

图2 关帝庙正殿正立面图

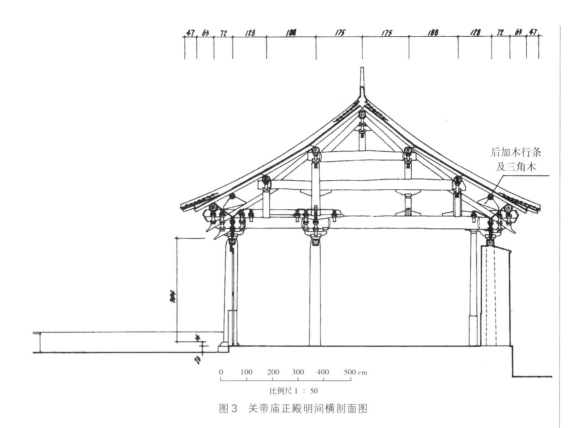

47 63 72 128 180 175 175 180 128 72 63 47

后加木行条
及三角木

0 100 200 300 400 500 cm

比例尺 1：50

图3　关帝庙正殿明间横剖面图

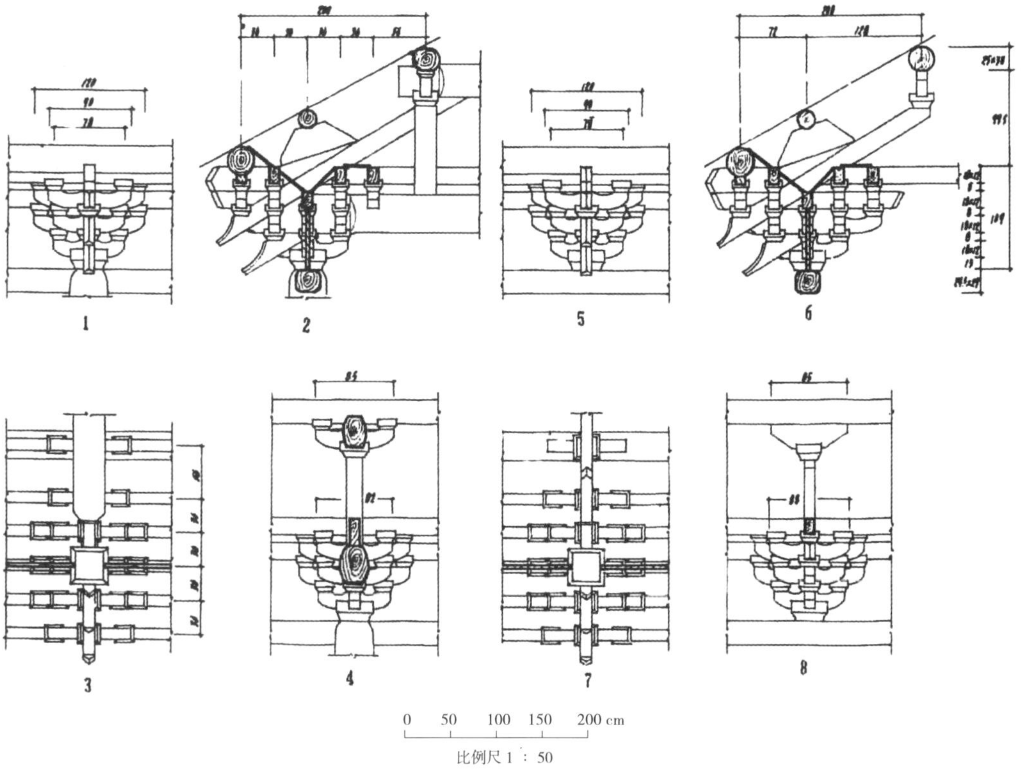

1

2

5

6

3

4

7

8

0 50 100 150 200 cm

比例尺 1：50

图4　关帝庙正殿外檐前檐柱头铺作及补间铺作

1.柱头铺作正立面　2.柱头铺作侧立面　3.柱头铺作仰视平面　4.柱头铺作背立面
5.补间铺作正立面　6.补间铺作侧立面　7.补间铺作仰视平面　8.补间铺作背立面

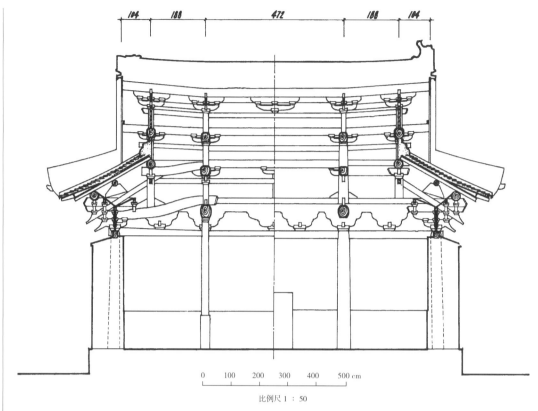

184　188　472　188　184

0　100　200　300　400　500 cm

比例尺 1：50

图 5　关帝庙正殿纵剖面图

山东文物保护纪实——广饶关帝庙正殿

作者：赵正强

坐落在山东省广饶县旧城西北隅的关帝庙大殿，于1996年12月被国务院核定公布为第四批全国重点文物保护单位。

历代保护

该殿始建于南宋建炎二年（1128年），全木结构。高10.38米、东西阔12.63米、进深10.70米，月台高0.73米。硬脊、歇山、单檐、雕甍绿瓦，南向正殿三间。其结构形式为六架椽屋乳栿对四椽栿用三柱，用材按宋为六等材。室内四椽栿为彻上露明造，原室外乳栿当心间为藻井，次间为平棋，斗栱重昂五铺作。构件尺度、用材比例等具有明显的宋代建筑特征，接近宋《营造法式》"大木作制度"的建筑规范。

大殿作为古迹最早载入明万历乐安（明清时期广饶称乐安县）县志。新中国成立后，1956年全省首次文物普查时，便发现了该殿文物价值的重要性。随后山东省文物主管部门下派专业人员，撰写了《广饶宋代关帝庙》调查报告，上报省文物主管部门，以待批省级重点文物保护单位。

据地方志载，金承安、泰和年间该殿首次维修，明成化二十二年（1486年）重修，弘治十一年（1498年）新铸关帝铜像，嘉庆二十年（1541年）建"三义堂"于大殿后，隆庆、万历年间大殿均重修后建"钟楼"于二门左，清康熙雍正年间共拓地28亩于"三义堂"后建春秋楼，道光二十三年（1843年）建后殿暨观剧台，同治六年（1867年）重修"春秋楼"，每岁秋仲月次丁暨五月十三日致祭。该殿虽经历代维修，但平面布局、大木构架、斗栱等基本保持了初建的风貌，大殿前后的配套建筑自明代开始增建，至明清道光年间发展成鲁北最大的关帝庙寺院，并且香火极盛。

从明清至民国初，大殿前后的配套建筑开始趋向失修废毁，香火渐衰。新文化运动时期，大殿院内略加改造成为广饶县第一中学。抗战时期日寇的一个中队驻扎在内。新中国成立后广饶县委党校在大殿院内办公近30年。"文革"时期将院内仅存的配套建筑"春秋楼"拆除。后因建造教室山墙近邻大殿两山墙，严重影响了大殿四周的排水和通风，并将大殿月台拆除，故对大殿的自身保护和占建的环境风貌受到了不同程度的破坏。

1965年中国古代建筑修整所和山东省博物馆，对大殿进行了勘察及测绘。首先对殿内木构架及屋面瓦件等毁坏情况作了详细勘察，根据勘察结果，大殿急需维修，环境急需改造，进一步落实保护组织和建设控制地带。提出拆除近邻大殿东西两侧的房屋各两间，为大殿相应的保护区范围。由于"文革"爆发，大殿属"四旧"故维修计划没得到及时落实，至"文革"后期，1975 年，山东省文物局拨款 8 万元对大殿作了一次室内外较全面的维修，但月台宽度尚未复原，大殿东西两侧的近邻房屋没拆除，环境及使用单位仍维持现状。1986 年，东营市人民政府拨专款 10 万元，将广饶县委党校由大殿院内迁出，将广饶县博物馆迁进。从此大殿作为独立性文物保护单位，得到文物部门的妥善保护和开发利用。随后广饶县博物馆利用 1985 年山东省文物局拨的专款 4 万元，对大殿进行了室内外木构建的油漆和屋面清陇等保护工作，大殿月台恢复原宽 7.55 米，拆除了大殿东西两侧的房屋，隔离两间，使大殿四周有了相应的保护空间。绿化了环境，初步突显了大殿的风貌。

为了弘扬民族历史文化，进一步提高该殿的知名度，振兴和繁荣广饶文博事业，1991 年广饶县人民政府筹资 200 万元，聘请清华大学建筑设计院，在大殿院内设计建造了三个四合院仿宋式配套建筑群。全木结构的对称轴线式大门、二门，与该殿紧密配合，互相映衬，构成了气势宏伟的古建群体，大殿充分展现了古建风貌并作为博物馆内的单体参观项目。成为东营市和广饶县主要的旅游景点，以及对外开放的文明窗口。多年来吸引了大批学者及中外宾客前往观赏这座杰出的古代建筑。

1997 年因天气突然恶化，大殿遭到严重破坏。由国家文物局拨款 15 万元，对大殿进行了一次抢救性维修保护。维修方案由山东省文物科技保护中心对大殿进行勘察后编写维修报告，上报国家文物局批准，山东省文物科保中心组织曲阜古建队，对大殿进行了维修。这次维修的主要部位是殿身东北角大角梁后拨榫严重，导致戗背断裂，室外东侧和北侧局部飞子、连檐、檐椽损坏较严重。为此根据维修计划更换了东北角的戗脊大角梁和局部腐朽的飞子、连檐、檐椽、望板等，更换了部分瓦件，重新提节加陇，室内外重新铺设传统方砖。为恢复建筑原始风貌，月台台帮、踏跺、散水等均拆除重做，台帮恢复土衬石、角石、压阑石和踏跺，材质青石，施工设计主要参照古建的法式特征。

该殿始建为全木结构，堆积法建造。因年久部分立柱出现沉降，为避免大殿坍塌，从明代起以殿身四周檐柱为中心加固了 1 米多厚的青砖墙体，为大殿的安然屹立至今起到了关键作用。大殿始建殿门位于现在的殿前内柱，殿廊约 2 米多宽。随着历代维修殿门、窗被移置到前檐柱，门、窗形式均按近代民房改造，几百年来使大殿整体风格极不协调。为了重现古代庙宇风采，东营市博物馆专业人员对殿门、窗重新测绘，根据宋代庙宇檐柱门、窗的布局形式设计了改造维修方案。经山东省文物局审核批复，2003 年春完成门窗改造任务。从此大殿门、窗再现了协调的古建面貌，使该殿得到一次科学性维修保护。

该殿是我国现存数量较少的，也是山东省现存唯一的、最早的宋代木构古建。该殿的构造法式特征，展示了我国宋代建筑的特点，为研究我国历代木构建筑提供了重要的实物资料，有较高的历史及研究地位。

沿革考证

通过该殿的始建利用情况，进一步考证了关羽在我国何时被独立供奉，以及最早在鲁北地区被独立供奉的大致时期。据有关资料及重修该殿的几块碑志证实，三国蜀将关羽，最早被神化的时间为陈隋之际。据《佛祖统记》卷六"智者传"载：天台宗智顗在当阳（今属湖北）玉泉山建精舍，曾"见二人威仪如王，长者美髯而丰厚，少者冠帽而秀发"，自通姓名，乃关羽、关平父子，请于近山建寺。智顗从之，寺成，并为关羽受五戒。后世佛教根据这些神话尊称关羽为"关公"、"关帝"列为十八伽蓝神之一。关羽道教神化后尊称为"武安王"及"关圣帝君"。宋徽宗崇宁元年（1102年）追封关羽为"忠惠公"，宣和五年（1123年）封"义勇武安王"，明万历三十三年（1605年）又被加封"三界伏魔大帝神威远震天尊关圣帝君"。佛、道二教在我国历史上几遭灭法，人们对二教的信仰受到极大冲击，在唐代二教发展持为平衡，至宋代道教有所提高，并且宋徽宗又自称教主道君皇帝，两次追封关羽，因此在北宋末关羽在道教的神位显著提高，经历了由侯而王、由王而帝圣的飞跃，从而加深了人们对关羽的崇拜，这样在当时独立供奉关羽虽不盛行但已少量出现。所以会有二教寺院改祈关羽或新建寺院始祈。据此在北宋末我国就出现了关帝庙寺院。

该殿的重修碑志现存4块，已修整竖立。碑首题名分别为:《新铸武安王像碑记》（明弘治十一年立）、《义勇武安王庙碑记》（明嘉靖八年立）、《重修关圣帝君庙记》（明崇祯十一年立）、《重修关圣帝庙碑志》（清嘉庆五年立），后3块碑文多记捐银修殿、征地概况。第一块碑铭文记述："乐安县旧有公庙灵异因昭著水旱疫疠有祷者应如响迩有野僧募铜肖像不阅月而告成择日迁于原祠……"此文说明，明代以前关羽已在该殿被供奉。广饶旧志古迹篇载录"金重修关帝庙碑"一文述："此碑在城里关帝庙泰和岁首端午日立题曰重修乐安义勇武安王庙碑记……略云庙旧在今县城北因城南移庙随城迁寔年天会六年也"。金天会六年（1128年）也正是南宋建炎二年，即该殿的始建年代。此文证实在金泰和元年及以前该殿已称"义勇武安王庙"。这毫无疑问，该殿始建便是独立供奉关羽的寺庙。至于庙随城迁，迁庙前寺庙概况则有待深考。

从大殿的建筑布局来看，是延续了宋前的风格。宋代以前寺院一般不设配殿（房），该殿的原配殿（房）和其他建筑是从明代起开始增建的。根据以上有关史载并参考其他地区关帝庙的始建年代（其中山西省运城解州关帝庙正殿及配殿因火灾也是明、清时重建），由此可以推断，广饶县关帝庙大殿是我国目前发现的首座保存完好的原始关帝庙旧址。这为探讨关于在我国历史上最早何时关羽被独立供奉提供了重要依据。

该殿其历代名称均按道教对关羽的尊称和宋徽宗的赐封而命，"关帝庙"乃近代人俗称。在历史上，因战乱或其他原因关帝庙几度荒落，祈者寥寥。从明弘治十一年新铸关羽铜像后香火渐盛，此时也是全国崇拜关羽渐进盛行时期，各地始建关帝庙不计其数。至清代，随着对关羽崇拜的加深，该殿院落已拓地40余亩，扩增不少配套建筑，规模日臻宏大。后期每年农历五月二十八日庙会期间，连唱三天大戏，风雨不阻，方圆百余里的赶会人将关帝庙街挤得水泄不通，很多赶会人被挤得双脚离地，鞋也失落无觅。日寇的入侵给关帝庙带来了灾难，正殿成为日军的指挥部，关帝铜像被日寇移置院内，不日铜像要被日寇运走，但在搬运中铜像用尽任何办法就是纹丝不动，使日寇急恼不堪，最后无奈逼村内一位虔诚的老妇在关羽像前焚香许愿，铜像方可搬动运往青岛，是造军火还是运往日本已不可考。

该殿已有近900年的历史，风风雨雨，历经磨难，保存至今实属不易。这一珍贵的文化遗产，无论从建筑特征或历史方面，都具有极大的研究价值。因此，该殿已收录《中国名胜词典》一书。

申报国宝

鉴于该殿具有较高的历史、艺术、科学价值，于1956年开始便整理材料，申报省级重点文物保护单位。"文革"前上报名称为"广饶关帝庙"。虽然在山东省公布第一批省级重点文保单位时"文革"已结束，但受"文革"的影响仍将"广饶关帝庙"改为"南宋大殿"并于1977年12月被公布为全省第一批省级文物保护单位。为了更好地保护和宣传、利用我省唯一、全国少见的这座典型的宋代木构古建，根据该殿的三大价值，广饶县博物馆于1992年遵照国家文物局的通知精神和山东省文物局（1992）鲁文物字第49号《关于推荐第四批全国重点文物保护单位的通知》要求，将该殿以"广饶关帝庙大殿"名称，组织了有关详细材料上报山东省文物局，以备推荐国宝。经山东省文物局评估筛选后，将广饶县"关帝庙大殿"的推荐材料上报到国家文物局。经国家文物局反复审核后，组成了5人专家考察评估小组，在山东省文物局领导的陪同下，于1996年4月24日到广饶对关帝庙大殿进行了现场考察评估，评估后肯定了该殿具有较高的三大价值，并提出了相应的抢救性保护意见和建设控制地带。后经国家文物局在全国上报推荐的文保单位中，再一次筛选定格，将该殿上报国务院。后经国务院批准核定为第四批全国重点文物保护单位。

该殿现经过科学维修保护后，竖立了全国重点文物保护单位标志，重新建立了保护组织，进一步落实了保护区范围和建设控制地带，创造了协调的空间环境，使"国宝"充分显示了我国古代木构建筑特有的风采。

——本文1999年发表于《山东重点文物保护纪实》，山东省政协文史资料委员会编，泰山出版社出版。辑录时，作者略有改动

《东营文化通览》对广饶关帝庙的记述

关于今存广饶关帝庙大殿的始建年代，文献资料中没有确切记载。1935年《续修广饶县志》和1995年《广饶县志》均有金代千乘县（即今广饶县）县城南迁时"庙随城迁"和大殿原称"义勇武安王灵英殿"的记载。这说明，在金兵攻占千乘县之前"义勇武安王灵英殿"就已经存在了，所以今存广饶关帝庙大殿建于金代之前无疑。从关羽在宋代所获封号的情况看，被封为"义勇武安王"的时间是北宋徽宗宣和五年（1123年）。因为完颜宗弼是在金太宗天会六年（1128年）正月率兵攻下青州后不久便占领千乘县的，所以"义勇武安王灵英殿"的始建时间应在北宋宣和五年与靖康二年（1123~1127年）之间。

因战争的破坏，当时的千乘县旧城几乎尽毁，所以金朝统治者后来决定把千乘县城向南迁移重建（迁至今广饶县城附近）。因金朝政权在信佛尊佛的同时，对中原地区传统的儒家思想和道教观念也是尊崇的，所以千乘县原城中的"义勇武安王灵英殿"（即今关帝庙大殿）有幸在战火中得以保存下来。在战争结束后，金朝政权决定把千乘县城向南迁移重建时，也决定将"义勇武安王灵英殿"的主要构件拆下再在新址上按北宋时期的营造法式再建的。所以，新殿虽再建于金代，但其构件和法式却是原来的，因而它从整体上较为完整地保存了北宋时期大殿的原貌。

今存广饶关帝庙大殿位于广饶县城内西北隅。据清嘉庆五年（1800年）《重修乐安关帝庙碑》记载，该殿始建于金太宗天会六年（1128年）。大殿主要构件和营造法式为北宋时期。据明清县志记载，大殿在金至明、清时均有修缮，其许多配套建筑如春秋楼、三义堂、东西厢房和戏楼等，也是元、明、清几代增建的。因此，这座始建于宋金时期的关帝庙到了明、清时期已扩展成鲁北最大的关帝庙之一，每岁秋仲月次丁日暨五月十三日都有致祭，香火极盛。清末民初，大殿前后的配套建筑因长久失修而渐毁圮，寺庙香火也开始没落。时至今日，原庙宇仅存坐北朝南的大殿（即正殿）三间，其他建筑均废毁已尽。

今存广饶关帝庙大殿为全木结构，殿身高10.39米，东西阔12.63米，进深10.75米；月台用砖石砌筑，高1.12米，宽12.9米，长约18.3米。大殿结构为单檐歇山、绿琉璃瓦顶，檐柱间有侧脚升起。斗栱铺作前檐与两山相同，后檐略有变化。前檐五铺作，重栱出双下昂，里转五铺作，重栱出双抄；后檐外转五铺作，重栱出单抄单下昂，当心间用45度斜出补作间铺一朵。搏缝结点间使用蜀柱、叉手、托脚、丁华抹颏拱等唐、宋建筑特有构件，梁栿卷刹规整，具有明显的宋代建筑特征，是难得一见的宋代木构建筑实例。关帝庙大殿规模雄伟，气势壮观，保存基本完好，是山东省现存最早的唯一宋、金时期木构殿堂，为研究我国古代尤其是宋金时期木构建筑技术提供了珍贵的实物资料。1996年11月，广饶关帝庙大殿被国务院公布为全国重点文物保护单位。

——《东营文化通览》，于树健主编，山东人民出版社，2012年5月，第94~95页

明嘉靖《青州府志》对广饶关帝庙的记载

乐安[①]·关王庙　在县治西北。

——明嘉靖《青州府志》卷十《人事志三·祀典》

明万历三十一年《乐安县志》对广饶关帝庙的记载

义勇武安王祠　在预备仓后。宋建炎二年建。金承安、泰和间，邑人张彦重修。

邑人明若水记曰：元祐间，诏封义勇武安王，天下庙事之自兹；在在敬奉香火者，独广饶为最。验诸脊记，盖宋建炎岁在戊申，乃本朝天会六载也，大定间谷稍不登，朝廷恐费民用，社议权停。承安庚申，复兴兹事。邑人张彦见庙隳坏，乃涓择良辰，鸠工命匠，期以十旬毕事。考其始终，以修造实日记之，果不出于前期。噫！事之兴废良有时焉，不更塑像，何由而新？不重修庙，何由而成？像虽新非庙乌可久，庙既成致像恒能守。夫白圭玷，不磨不可完；美玉存，不琢不为器，非其人可乎？若水与张公彦忝同里闬，因于事之始末能知其详，故求仆作记，传之不朽。

明成化二十年，知县沈清以祷雨有应重修。嘉靖二十年，知县马子文建三义堂于正殿后，后圮。隆庆二年，知县杜朝贵重建。

自记曰：乐安县迤西北，旧有义勇武安王庙，庙之后有三义堂。余筮仕乐邑，甫下车，谒庙，见其堂圮坏，势将废矣。遂召乡之耆谕曰："比三义也，尔可无一尚义者以新厥堂？"中有马氏经、贾氏滨，遂慨然伏首曰："敢不领厥命。"遂为首倡。于是士大夫某等，愿捐资以鸠工，不逾岁而堂成，焕然新矣，三义俨然如生矣。余偕士夫落成，佥曰："兹义举也，可无记以垂不朽？"夫记也者，纪其义而已矣，非纪其堂也。盖堂有兴废而义无存亡，义岂因堂而废乎？夷考三义之在汉时，其载在青史者，不容赘矣。至如云长之生浦西，翼德之生涿郡，玄德之产中山，夫不惟姓氏不同，而地之相去亦若是其远也。其所以同德一心以扶汉鼎，虽至死而不改行易辙，兹乃义气也。披坚执锐、兵不解甲以褫孙吴，以夺曹瞒，决雌雄于三分之中，兹乃义战也。至今相聚于一堂之上，有感则应捷若影响，福善祸淫锱铢不爽，此乃义灵也，故曰义之于君臣也。昔狄梁公之反周为唐，鲁仲连之不肯帝秦，皆其选也。关、张识刘于草莽间，离合聚散，出艰罹险，卒无二心，必欲延汉祚而续之，非见义之真者而若是乎？余治乐二载，独慨乐民知修夫义之堂，而不知修夫义之实，动则焚香立会誓结兄弟，健翘争讼，经岁不解，必至于殒身、忘家、危父母、散妻子而后已。果慕三义而兴者乎？盖三义，名结兄弟，实则君臣，乃贞于义

---

① 乐安，广饶旧称，1914 年因与江西乐安县重名，改称现名。

者也。今乐之民，不过构党抬陷、凌虐良善，此乃好于义者也？夫义莫大于君臣，亦莫重于租税。何催笠遗负，岁无宁日，又果好义而终其事者乎？乐之民果以义为路而由之，则吾心之堂修矣，不将道德一而风俗同乎？隆古之治可遐想矣，岂直变功利之俗如齐之伯业而已哉！余于此而并记之，非特以彰三义之灵，亦所以立劝云尔。

万历三年，知县姜璧惟三义堂仍旧，余悉修饰。七年，知县崔汝孝重修。八年，创建钟楼于二门左。

——明万历三十一年《乐安县志》卷十七《祀典》

清雍正十一年《乐安县志》对广饶关帝庙的记载

关圣庙 本汉前将军寿亭侯庙。元天历元年，封显灵威勇武安英济王。明万历二十二年，赐祠额曰"英烈庙"。皇清雍正三年，诏令天下郡县春秋祀关帝以太牢，又追崇三代，封曾祖为光昭公，祖为裕昌公，父为成忠公，并置主于后殿，一体致祭。五年，太常寺奏定祭品：五月十三日祭，用制帛一、牛一、豕一、羊一、果品五盘；祀后殿以公爵礼，不用太牢，余悉同春秋二祭，用制帛一、牛一、豕一、羊一、笾豆各十；祭后殿用制帛各一、豕各一、羊各一、笾豆各八。邑庙在县治西北（预备仓后），宋建炎二年建。金承安、泰和间，邑人张彦重修。明成化二十年，知县沈清（以祷雨有应）重修。嘉靖二十年，知县马子文建三义堂于正殿后。隆庆二年，知县杜朝贵重修。万历三年，知县姜璧重修。七年，知县崔汝孝重修。八年，建钟楼于二门左。皇清康熙五年，邑人孙三锡重修，拓地二亩。

——清雍正十一年《乐安县志》卷之十七《祀典》

民国七年《乐安县志》对广饶关帝庙的记载

重修关帝庙碑 在城里关帝庙，太和首岁端午日立。题曰"重修乐安义勇武安王庙记"，保义尉莒县李亿镇同酒同监明若水撰，次子应乡贡进士纬篆额，次子应乡贡进士缜书，略云庙旧在今县城北，因城南移，庙随城迁，实天会六年也。

关帝庙铜像 在城里关帝庙。高营造尺四尺六寸，宽二尺三寸，重若干斤，作燕居形。明弘治十一年铸，奉训大夫、知陕西同州事、古青李旻撰记。略云：县旧有关帝庙，灵异昭著，水旱疫疠，有祷者，应如响。迩有野僧募铜肖像，不阅月而告成，择日迁于原祠。邑人崔献募缘之力居多，时县令李桂折之。李，直隶大名人，与僧意合，故工成甚速（图1~图5）。

——民国七年《乐安县志》卷之二《古迹志》

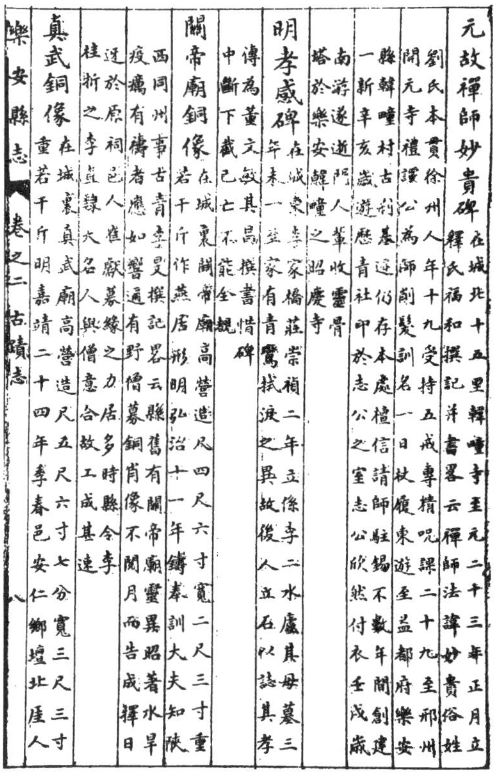

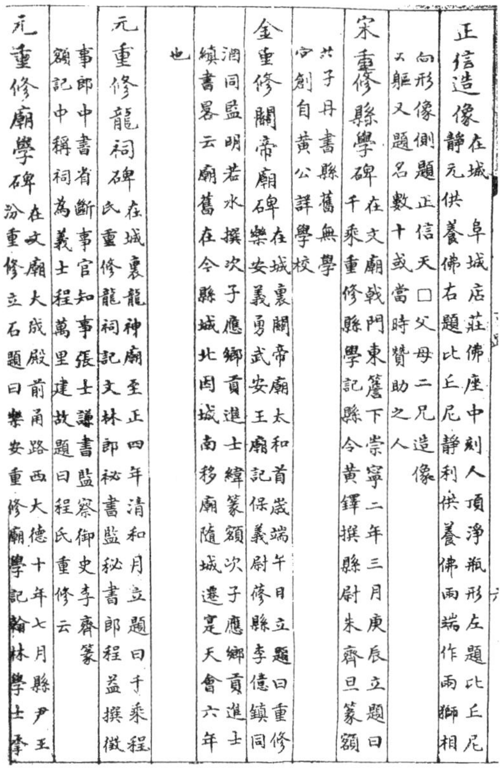

图1（右）
民国七年《乐安县志》对重修关帝庙碑的记载

图2（左）
民国七年《乐安县志》对关帝庙铜像的记载

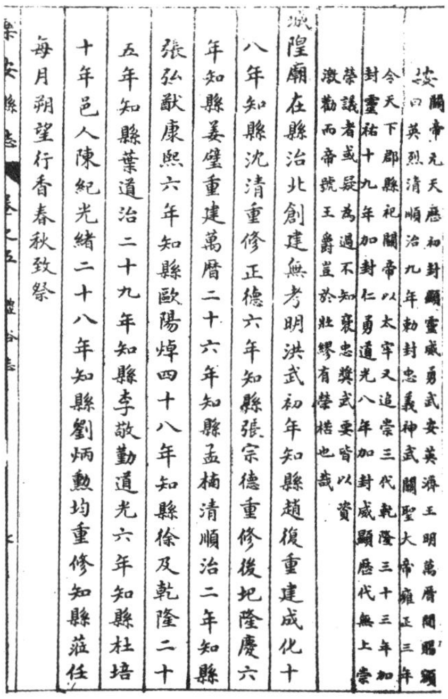

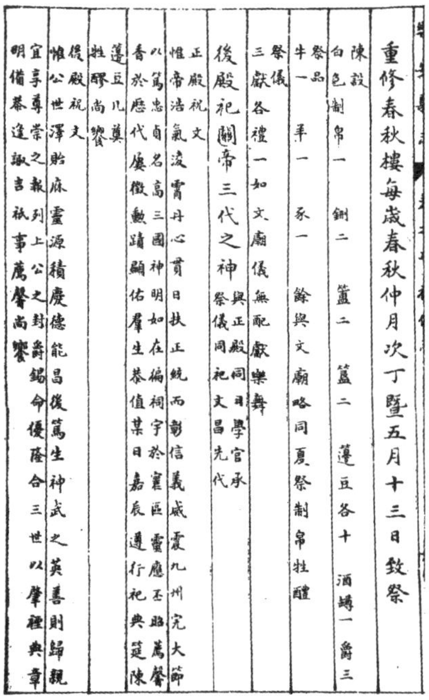

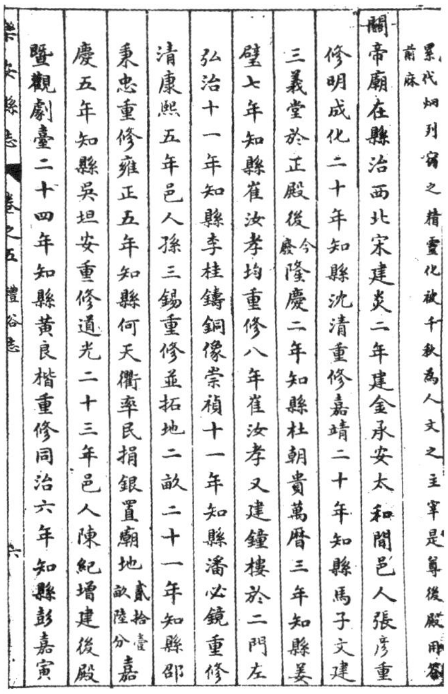

图5　民国七年《乐安县志》对关帝庙的记载（3）　图4　民国七年《乐安县志》对关帝庙的记载（2）　图3　民国七年《乐安县志》对关帝庙的记载（1）

关帝庙 在县治西北，宋建炎二年建。金承安、太和间邑人张彦重修。明成化二十年，知县沈清重修。嘉靖二十年，知县马子文建三义堂于正殿后（今废）。隆庆二年知县杜朝贵、万历三年知县姜璧、七年知县崔汝孝均重修。八年，崔汝孝又建钟楼于二门左。弘治十一年，知县李桂铸铜像。崇祯十一年，知县潘必镜重修。清康熙五年，邑人孙三锡重修，并拓地二亩。二十一年，知县邵秉忠重修。雍正五年，知县何天衢率民捐银置庙地（贰拾壹亩六分）。嘉庆五年，知县吴坦安重修。道光二十三年，邑人陈纪增建后殿暨观剧台。二十四年，知县黄良楷重修。同治六年，知县彭嘉寅重修春秋楼。每岁春、秋仲月次丁暨五月十三日致祭。

陈设：

白色制帛一、铏二、甊二、簠二、笾豆各十、酒樽一、爵三。

祭品：

牛一、羊一、豕一，余与文庙略同。夏祭，制帛、牲醴。

祭仪：

三献个礼一如文庙仪，无配献、乐舞。

后殿祀关帝三代之神。与正殿同日，学官承祭，仪同祀文昌先代。

正殿祝文：

惟帝浩气凌霄，丹心贯日。扶正统而彰信义，威震九州；完大节以笃忠贞，名高三国。神明如在，遍祠宇于寰区；灵应丕昭，荐馨香于历代。屡征勋迹，显佑群生。恭值某日嘉辰，遵行祀典，筵陈笾豆，几奠牲醪。尚飨。

后殿祝文：

惟公世泽贻麻，灵源积庆。德能昌后，笃生神武之英；善则归亲，宜享尊崇之报。列上公之封爵，锡命优隆；合三世以肇禋，典章明备。恭逢诹吉，祗事荐馨。尚飨。

按：关帝，元天历初，封显灵威勇武安英济王。明万历间，赐额曰"英烈"。清顺治九年，敕封忠义神武关圣大帝。雍正三年，令天下郡县祀关帝以太牢，又追崇三代。乾隆三十三年，加封"灵佑"。十九年，加封"仁勇"。道光八年，加封"威显"。历代无上崇荣，议者或疑为过。不知褒忠奖武，要皆以资激劝，而帝号王爵岂于壮缪有荣椿也哉！

——民国七年《乐安县志》卷之五《礼俗志》

民国廿四年《续修广饶县志》对广饶关帝庙的记载

关帝庙铜像 在城里旧关帝庙。高营造尺四尺六寸，宽二尺三寸，重若干斤，作燕居形。明弘治十一年铸，奉训大夫、知陕西同州事、古青李旻撰略云：县有关帝庙，灵异昭著，水旱厉疫有祷者应如响。迩有野僧募铜肖像，不阅月而造成，择日迓于原祠。邑人崔献募缘之力居多，时县令李桂折之直隶大名人，与僧意合，故工成甚速。今庙改中学，铜像虽存，无祈祷之事矣。

——民国廿四年《续修广饶县志》卷四《舆地志·古迹四》

关帝庙 旧制，每岁春秋仲月次丁暨五月十三日致祭。

——民国廿四年《续修广饶县志》卷十四《礼俗》

重修关帝庙碑 右碑存城内县立中学，太和首岁端午日立。题曰"重修乐安义勇武安王庙记"，下署"保义副尉莅县李亿镇同酒同监明若水记，次子应乡贡进士纬篆额，次子应乡贡进士缜书丹"。记内略称庙旧在今县城北仅二里，因城南移，庙随城迁，实天会六年也云云。

——民国廿四年《续修广饶县志》卷十五《艺文志·金石考证》

《广饶县志》对广饶关帝庙的记载

南宋大殿 位于广饶县城内西北隅。建于南宋建炎二年（1128年），为关帝庙主体建筑。1965年前，原庙址南北长130余米，东西宽76米，有春秋阁、三义堂、东西厢房和戏楼等建筑，现仅存大殿。该殿坐北朝南，其座月台砖石砌筑，宽12.9米，长约18.3米，高1.12米。殿面宽3间，12.63米，深10.75米，殿身高10.39米。单檐歇山，绿琉璃瓦顶，檐柱间有侧脚升起。斗栱铺作前檐与两山相同，后檐略有变化。前檐五铺作，重栱出双下昂，里转五铺作，重栱出双抄，后檐外转五铺作，重栱出单抄单下昂，当心间用45度斜出补间铺作一朵，搏缝结点间使用蜀柱、叉手、托脚、丁华抹颏栱，合㭼等唐宋建筑特有构件，梁栿卷刹规整，具有明显的宋代建筑特征，是山东省唯一的宋代木构建筑实例。现为山东省重点文物保护单位。

——《广饶县志》中华书局，1995年8月，张齐才、高清云主编，第773页

古建研究

附录二内容包含两部分：

附录两文旨在增加我国现存唐宋时期建筑与北宋《营造法式》的比较案例，两文均成文于东南大学读书期间，整理之时仿佛又回到了东大，诸先生治学严谨，孜孜以求，为我辈所敬仰。

一、《佛光寺东大殿与宋〈营造法式〉的比较》

作者：高宜生　丛勐

该文写于东南大学硕士读书期间，为陈薇教授《营造法式》课程的结课论文，该文的写作得到了陈薇教授及我的导师朱光亚教授的悉心指导。

二、《保国寺大殿尺度构成分析》

该文为东南大学建筑学院胡占芳博士读硕士期间硕士学位论文《保国寺大殿木作营造技术探析》论文的第三章，该文的写作得到了东南大学张十庆教授的悉心指导。

保国寺大殿尺度构成分析

作者：胡占芳

尺度与建筑活动密切相关。建筑的尺度构成是建筑技术的重要内容之一。本章节主要以保国寺大殿的外檐斗栱构件[1]为研究对象，探讨斗栱的尺度构成问题。通过一系列比照分析，以窥求大殿营造技术的特色，进一步观大殿营造思维与《法式》的关联性。

保国寺大殿构架中的斗栱布置在外檐、内檐、天花装修等处。外檐斗栱有 7 种，即前檐柱头、补间、转角铺作，后檐转角铺作，山面柱头铺作，山面东侧补间铺作，山面西侧补间铺作。后檐柱头、补间铺作与两山面铺作相同。大殿斗栱构成自有特色，外檐斗栱面阔方向当心间用补间铺作两朵；进深方向，前、中二进用补间铺作两朵，后进用补间铺作一朵。

第一节　大殿外檐斗栱实测与分析

本节通过对大殿外檐斗栱基础数据即材厚、材广及出跳值的采集与分析[2]，考察大殿用材、斗栱出跳值的特色及与《法式》间的异同，并为以后研究大木结构设计规律铺垫基础[3]。

---

[1]　之所以只选大殿外檐斗栱作为研究对象，是因为其数据量大，数据斑驳小。对于尺度构成而言，相当数量的精准数据量是第一位的。

[2]　处理数据的原则是注重数据的简洁性。

[3]　外檐斗栱的用材尺度通常关乎整座建筑的设计，外檐斗栱基础数据的采集是揭示大木结构设计规律的第一步。

一、材广、材厚

本文所言及的材广、材厚①是指外檐铺作中栱的断面设计尺寸。通常情况下，纵向的华栱、下昂、横向的瓜子栱、慢栱、令栱和铺作层的各拽枋的广厚值都是标准的设计值。《营造法式》中对"材分八等"的论述是以单材广和单材厚为准，可见单材的广厚值是大木结构中最基本的设计尺寸之一。

陈明达先生记录的保国寺大殿外檐斗栱材广、材厚为 21.5cm×14.5cm；郭黛姮先生认为大殿外檐斗栱材广"在 21.5~22cm 之间，取平均值后，材广 21.75cm，厚 14.5 寸，折合成 6.63 寸 ×4.42 寸，合《法式》五等材"。刘畅通过对 2006 年清华大学外檐铺作材厚取样测绘数据分析，提出大殿外檐斗栱材厚为 142cm。

鉴于陈明达先生、郭黛姮先生、刘畅等对于保国寺大殿斗栱材广、材厚的不同说法，本文拟在增加实测采样量、提高测量精度的全面精细测绘基础上，对外檐斗栱的材广、材厚数据进行重新地梳理与规整。辩证地看待唐宋时期言及用材则以材广为准，以实测材广数值除以 15 而定分° 值的普遍认识，也为进一步探究大殿大木结构的设计规律以及大殿建造营造尺的推断等研究再提供一个可资参考的平台。

本文对大殿外檐斗栱材广、材厚值的梳理与分析建立在 2009 年东南大学建筑研究所对大殿全部铺作构件尺寸进行逐构件全面手工测绘基础上。斗栱材广、材厚值的取样测绘对象是大殿外檐斗栱（共 30 组）。操作方法如是：每组铺作栱类构件逐构件采集数据，多组手工测绘数据形成表格，确定取值区间，筛除特异值，取均值，并注明因显著因素导致的特异值。

（一）大殿外檐铺作材广数据采集与梳理

全部数据求均值：大殿外檐铺作，获取材广数据的总样本数为 361 个。其中有 11 个材广数值为足材②材广值。剔除 11 个足材值后样本数为 350 个，350 个样本中材广最大值 240mm，材广最小值 140mm。对 350 个栱构件的材广取均值，其平均值为 214.45mm。

有效数据求均值：筛除 11 个足材值及与多数材广值相差甚远的特异值后样本数为 332 个，在此有效取值区间③内的材广最大值是 220mm，材广最小值是 202mm。对 332 个栱构件的材广取均值，其均值为 214.68mm。

（二）大殿外檐铺作材厚数据采集与梳理

全部数据求均值：大殿外檐铺作，获取材厚数据的总样本数为 364 个。364 个样本中材厚最大值 194mm，材厚最小值 100mm。对 364 个栱构件的材厚取均值，其平均值

---

① 通常情况下，纵向的华栱、下昂、横向的瓜子栱、慢栱、令栱和铺作层的各拽枋的广厚值都是标准的设计值。《法式》中对材分八等的论述是以单材广和单材厚为准，可见单材的广厚值是大木结构中最基本的设计尺寸之一。

② 保国寺大殿的华栱，柱头铺作为足材，补间铺作为单材。

③ 在效取值区间内，数段 213mm~218mm 的栱数量占样本数的权重最大，该数段的平均值为 215.69mm；样本数为 232 个。

为 142.51mm。

有效数据求均值：筛除与多数材厚值相差甚远的特异值后样本数为 353 个，在此有效取值区间内的材厚最大值是 148mm，材广最小值是 136mm。对 353 个栱构件的材广取均值，其均值为 142.65mm。

对比前人手工测量的结果，增加样本数量测量和简单统计结果呈现出不同的设计规律（如表 1，以下陈明达先生公布的数据简称"陈测"；郭黛姮先生所带团队测绘的数据简称"郭测"；中国文物研究所修缮设计采用的实测数据简称"文测"；清华大学三维激光扫描数据简称"06 清测"；本文所依据的东南大学建筑研究所大殿铺作构件逐构件全面手工测绘及三维激光扫描数据简称"09 东测"）。

历次测绘保国寺大殿外檐铺作材广、材厚数据对比表（单位：毫米）　　表 1

	陈测	郭测	文测	06 清测	09 东测
材厚	145	145	145	142	142.7
材广	/	217.5	/	/	214

保国寺大殿斗栱用材断面 214mm×142.7mm，其广厚比趋近 3：2，符合简洁材比例关系。据考察知，比它早的现存古建遗构，采用这样的用材比例的实例唯有山西五台山佛光寺大殿、山西平遥镇国寺大殿；早于《法式》成书而晚于保国寺大殿，采用 3：2 用材比例的建筑遗物有山西太原晋祠圣母殿、河北新城开善寺大殿、天津宝坻广济寺三大士殿。总共不过 6 处，以保国寺大殿最为接近（表 2）。

现存公元 1013 年以前木构建筑用材表（材广、材厚单位：毫米）　　表 2

建筑名称	年代	用材等第	材广	材厚
敦煌窟檐 198 窟	893 年	七	180	125
敦煌窟檐 427 窟	970 年		180	125
敦煌窟檐 437 窟	970 年		160	105
敦煌窟檐 444 窟	976 年		185	120
敦煌窟檐 431 窟	980 年		155	108
南禅寺大殿	782 年	三	240	160
佛光寺大殿	857 年	一	300	205
镇国寺大殿	936 年	五	220	160
华林寺大殿	964 年	一	330	170
独乐寺山门	984 年	三	245	166
独乐寺观音阁	984 年	四	240	165
虎丘云岩寺二山门	955~997 年	五	200	130
永寿寺雨花宫	1008 年	四	240	160
保国寺大殿	1013 年	五	217.5	145
保国寺大殿藻井	1013 年	七	170	115

（资料来源：参考郭黛姮.《东来第一山——保国寺》，112 页，"现存公元 1103 年以前木构建筑用材表"整理。）

大殿斗栱用材断面的高宽比为 3：2，这样的比例是出材率与受力效果的最优组合。《法式》卷四"大木作制度一"中"凡构屋之制，皆以材为祖。材有八等，度屋之大小，因而用之。……各以其材之广，分为十五分，以十分为其厚。凡屋宇之高深，名物之短长，曲直举折之势，规矩绳墨之宜，皆以所用材之分，以为制度焉。"即用材比例 3：2。用材[①]断面 3：2 是大殿重要的建造技术，大殿呈现出比《法式》更早的建构思维。

二、斗栱出跳

按《法式》所记，铺作最复杂形式为八铺作，而实例中所见最高的为七铺作，即铺作出四跳的形式。保国寺大殿外檐斗栱采用七铺作双杪双下昂的形式，里转或承托梁栿、内檐藻井，或偷心施四、五杪承托下昂尾至下平槫（图1、图2）。本文对大殿外檐斗栱的外跳出跳数据和里跳出跳数据分别进行梳理与规整，并作进一步的分析。

考察大殿外檐斗栱的结构关系，应当抓住关键的结构尺寸。这些关键结构尺寸具体包括各跳的出跳值和跳高、正心部分平欹总高等。兹整理大殿外檐铺作外跳各跳的出跳值和跳高、正心部分栌斗平欹总高及里跳各跳的出跳值和跳高。

大殿铺作的空间尺寸（各跳的跳高值、出跳值等）现场手工测绘存在一定难度，并会产生较大误差。鉴于此，采用了在三维激光扫描成果中提取数据的方法。斗栱出跳数据选取心到心的距离；跳高值取值原则是通过在点云数据上做辅助线，量取栱下皮到栱下皮的距离（即华栱下皮到华栱下皮、或华栱下皮到令栱下皮，抑或令栱下皮，到令栱下皮）。

铺作的空间尺寸，由于其基数并不特别巨大，本身也由于大殿长期受力变形，现状斗栱呈不规格倾斜、歪闪等，使得直接测量结果数据分布离散性较大，因而不具备进行精密数理统计的条件。在求均值时，仅只是筛除明显特异值后对有效样本求算术平均值。铺作空间尺寸的均值只代表铺作空间关系的现状，由于大殿变形，并不能依此直接求出相关设计值[②]，而只能在推演时用作旁证。

图 1（左）
大殿外檐铺作外跳（东摄）

图 2（右）
大殿外檐铺作里跳（东摄）

---

① 通常，斗栱的用材尺度通常关乎整座建筑的设计，是揭示大木结构设计规律的重要尺度。另外，大量枋料的用材尺度也是建筑用材制度的重要内容。

② 由于长期受力变形，现状斗栱呈不规则倾斜、扭曲的姿态，或前后倾斜、或左右倾斜，加之各层构件不同程度的扭曲，使得直接测量结果数据分布离散性强，在一定程度上容易掩盖原始设计规律。

（一）大殿外檐铺作外跳出跳

关于大殿外檐铺作的出跳值先前曾公布了两组数据，一是陈明达先生在《唐宋木结构建筑实测记录》中公布的大殿外檐铺作外跳总出跳合 115 分°；一是刘畅、孙闯在《保国寺大殿大木结构测量数据解读》中公布的大殿外跳总出跳合 118.8 分°。刘、孙在文中指出考虑到铺作承荷载，又三四两跳上采用下昂造，其上构件在受压状况下易倾斜下沉，采集数据时易受此影响，存在测量值小于原始设计值的倾向，终将总出跳数据取整折合为 120 分°。

大殿外檐铺作外跳出四跳，呈双抄双下昂的形式（图 1）。此次笔者对大殿外檐斗栱外跳每一跳跳值的梳理方法是：通过对所有数据剔除特异值求均值与归类求均值两种方法，使测量数据自洽，探寻一个最接近真实值的出跳值。

大殿外檐铺作外跳出跳数据均值分别是：外跳第一跳出跳 405.94mm，外跳第二跳出跳 232.12mm，外跳第三跳出跳 559.12mm，外跳第四跳出跳 506.22mm（表 3）。

大殿外檐铺作外跳出跳数据表　　　　　　　　　表 3

	外跳第一跳出跳	外跳第二跳出跳	外跳第三跳出跳	外跳第四跳出跳	外跳第一、二跳出跳	外跳总出跳
均值（mm）	405.94	232.12	559.12	506.22	633.41	1698.69
折合分数	28.45	16.3	39.2	35.47	44.39	119
修正分数	28.5	16	39	35.5	44.5	119
折合材数	1.907	1.085	2.61	2.366	2.96	7.938
修正材数	1.9	1.0	2.6	2.4	3.0	8.0
折合尺数	1.328	0.759	1.829	1.656	2.07	5.56
修正尺数	1.3	0.8	1.8	1.7	2.0	5.5
折合栔数	4.427	2.531	6.097	5.520	6.907	18.52
修正栔数	4.5	2.5	6.0	5.5	7.0	18.5

大殿外檐铺作出跳数据梳理与分析后得到如下几点结论：

（1）大殿外檐铺作外跳第一、二跳总出跳合 44 分°，3 材，2 尺。大殿外檐铺作外跳总出跳合 120 分°[①]，8 材，5.5 尺，抑或 5.6 尺。

（2）大殿外檐铺作外跳第一、二跳偷心[②]，皆减跳。第一跳出跳华栱缩短较小，第二跳华栱出跳长度减少较大。从结构上分析，铺作若偷心，适度减跳有助于整体结构的稳定性。

---

① 考虑到三四两跳采用下昂造，其上构件在受压状况下易倾斜下沉，采集数据时易受此影响，存在测量值小于原始设计值的倾向，故宜取整将总出跳数据折合为 120 分°。

② 减跳之说法是相对于《营造法式》中"两卷头者，其长七十二分°。若铺作多者，里跳减长二分°。七铺作以上，即第二里外跳各减四分°，六铺作以下不减。若八铺作下两跳偷心，则减第三跳，令上下两跳斗畔相对。"，"每跳之长，心不过三十分°；传跳虽多，不过一百五十分°。"

（3）大殿外檐铺作外跳第一跳出跳 28.5 分°，比《法式》中规定略短[1]。第一跳偷心，为了保证铺作的结构稳定性，第二跳减跳。第二跳华栱出跳短，仅 16 分°。这与《法式》中所载的"若八铺作下两跳偷心，则减第三跳"道理相通。即偷心，铺作的整体结构稳定性减弱，采用"减跳"的举措，来取得平衡。同时，16 分° 使上下两跳交互斗[2]斗畔相对，这与《法式》中"若八铺作下两跳偷心，则减第三跳，令上下两跳交互斗畔相对"的做法相吻合。第三跳、第四跳出跳跳长增大，即"增跳"[3]。从结构上分析，这与大殿外檐铺作采用真昂[4]相关联。真昂构件的运用为大殿外檐铺作出跳跳距的加大提供了前提条件。

由上述分析可知，大殿外檐铺作外跳出跳，第一、二跳皆"减跳"且第二跳跳值"减跳"较大，第三、四跳皆"增跳"且都超出 30 分° 较多，不过大殿外檐铺作总出跳值控制在 120 分° 内，与《法式》中"每跳之长，心不过三十分°"即四跳不越 120 分° 相吻合。

大殿外檐铺作外跳第二跳出跳短，仅仅 16 分° 即华栱出跳长度减少较大；外跳第三跳、第四跳出跳的跳长比《法式》中规定的出跳值大，且增大较大，分别合 39 分°、35.5 分°[5]，即"增跳"。这是保国寺大殿外檐斗栱结构构成上的一大特色。

考察现存的铺作形制与保国寺大殿外檐铺作相类的唐宋传统木构建筑实物，即铺作形式采用七铺作双杪双下昂之制的遗构，观其铺作出跳现象。通过对比分析可知，在现存唐宋古建筑遗构[6]中，铺作出跳值最大值不越 32 分°，最小值也未有小于 20 分° 者。唯保国寺大殿是现存传统木构建筑中斗栱出跳"锐减"、"增跳"现象的特例。

（二）大殿外檐铺作里跳出跳

大殿外檐铺作，里跳出跳情况复杂，里转或承托梁栿、内檐藻井，或偷心施四、五杪承托下昂尾至下平槫。大殿外檐铺作里跳类型较多，依据铺作所处不同位置分为 5 种情况：（1）前檐补间铺作及东、西山前间补间铺作里跳出三跳，前两跳减跳，第三跳出跳数据正常[7]。（2）前檐柱头铺作，里跳出一跳，跳长增长，一

---

[1] 出跳跳长比《营造法式》中短，是吻合史实，符合栱的演变规律。保国寺大殿的建成年代比《营造法式》的刊行年代早了 90 年。

[2] 第一跳跳头散斗用作交互斗。

[3] 这里"增跳"概念的提出，是为了论述的方便，更形象地表述保国寺大殿外檐铺作出跳特色。"增跳"概念提出的依据是《法式》对铺作出跳值的规定，在这里，凡出跳跳值小于 30 分° 称为"减跳"，出跳值超出 30 分° 称为"增跳"。"增跳"是与"减跳"相对的一个概念。

[4] 大殿的外檐铺作皆下昂造，总体而言，昂分三种情况：前檐柱头铺作、补间铺作两下昂昂尾伸入平闇后，上层昂尾上彻下平槫，采用"自槫安蜀柱以插昂尾"作法结束，昂尾长度超过了一架椽，即越过了下平槫缝。山面柱头铺作、后檐柱头铺作，外跳昂尾直达内柱位置，位于前内柱分位者，插入内柱柱身；位于后内柱分位者，直抵后内柱柱头铺作与泥道栱、慢栱相撞后结束。使外檐与内柱连成一体，而且产生了一种向心的受力趋势，增强了构架的整体性。山面补间铺作及后檐补间铺，昂尾至山面下平槫，挑一材两絜。

[5] 即大殿外檐铺作外跳三、四跳出跳值远远大于 30 分°。

[6] 现存唐宋古建实例的出跳数值的上下限来自陈明达先生的《唐宋木结构建筑实测记录表》，限于文章篇幅制约，兹列斗栱形式采用七铺作双杪双下昂之制的唐宋木构建筑实例于文中。

[7] 第三跳出跳 30 分° 左右，与《营造法式》"每跳之长，心不过三十分°"相吻合。

跳跳长实际相当于两跳跳长，与其他铺作的里跳一、二跳两跳的跳长相吻合。（3）两山及后檐柱头为一种情况，出两跳。（4）东山中间、后梢间补间铺作及北檐中间东补间铺作、东稍间补间铺作，出四跳，加两个大靴楔承托下昂尾至下平槫。（5）西山中间、后稍间补间铺作及北檐中间西补间铺作、北檐西梢间补间铺作，出五跳，加一个小靴楔承托下昂尾至下平槫（图3、图4）。

图3（左）
大殿前槽空间铺作里跳（东摄）

图4（右）
东山面铺作里跳（东摄）

对大殿外檐铺作里跳每一跳出跳值的梳理方法是：多组提取于三维激光扫描成果中的数据形成表格，确定取值区间，筛除特异值，多组数据求均值。

大殿外檐铺作里跳第一跳出跳均值是337.9mm，里跳第二跳出跳均值是199.64mm。大殿里跳第三跳的出跳值有两种情况，一是前檐、东檐与西檐前间补间铺作里跳第三跳出跳均值为415.71mm，一是后檐、东檐与西檐中间、后间补间铺作里跳第三跳出跳均值为173.38mm。大殿东山中间、后稍间补间铺作及北檐中间东补间铺作、东稍间补间铺作里跳第四跳均值是181.56mm。大殿西山中间、后稍间补间铺作及北檐中间西补间铺作、北檐西梢间补间铺作里跳第五跳出跳均值是206.75mm（表4）。

大殿外檐铺作里跳出跳数据表　　　　　　　　　　　　　　表4

	里跳第一跳出跳	里跳第二跳出跳	里跳第三跳出跳[1]		里跳第四跳出跳	里跳第五跳出跳	里跳第一、二跳出跳
均值（mm）	337.9	199.64	415.71[2]	173.38[3]	181.56	539.23	206.75
折合分数	23.68	13.99	29.13	12.15	12.7	37.79	14.49
修正分数	24	14	29	12	13	38	14.5
折合材数	1.58	0.933	1.943	0.81	0.846	2.52	0.966
修正材数	1.6	0.9	1.9	0.8	0.85	2.5	1.0
折合尺数	1.105	0.653	1.36	0.567	0.594	1.764	0.676
修正尺数	1.0	0.65	1.4	0.6	0.6	1.8	0.7
折合栔数	3.685	2.178	4.533	1.890	1.98	5.88	2.255
修正栔数	3.7	2.0	4.5	1.9	2.0	5.9	2.25

[1] 里跳第三跳出跳数据分两种情况，前檐、东檐与西檐前间补间铺作为一种情况；后檐、东檐与西檐中间、后间补间铺作为一种情况。

[2] 前檐、东檐与西檐前间补间铺作里跳第三跳出跳。

[3] 后檐、东檐与西檐中间、后间补间铺作里跳第三跳出跳。

大殿外檐铺作出跳数据梳理与分析后得到如下几点结论：

（1）外檐铺作里跳第一、二跳总出跳合 38 分°，2.5 材，1.8 尺。外檐铺作前檐、东檐与西檐前间补间铺作里跳第一、二、三跳总出跳合 68 分°，4.5 材，3.2 尺。

（2）大殿外檐铺作里跳第一、二跳偷心，皆减跳。第一跳出跳华栱缩短较小，合 24 分°；第二跳出跳华栱出跳长度减少较大，仅合 14 分°。大殿外檐铺作里跳的减跳现象与《法式》中的减跳之意相吻合，《法式》中有录"两卷头者，其长七十二分°。若铺作多者，里跳减长二分°。七铺作以上，即第二里外跳各减四分°"。从铺作结构上来分析，铺作若偷心，适度减跳有助于铺作整体结构的稳定性。

（3）鉴于大殿前槽空间有斗八藻井的构架特征，现将外檐铺作里跳出跳按两种情况来讨论。一是大殿前槽空间的外檐铺作里跳总出跳，其与整体构架、斗八藻井的尺度密切关联；一是大殿中槽和后槽空间的外檐铺作里跳，其与整体构架尺度密切相关，总出跳达到一椽架，即 5 尺。前者总出跳值指大殿外檐铺作前檐、东檐与西檐前间补间铺作里跳第一、二、三跳总出跳，数据经均值后折合为 3.2 尺，与 3.3 尺[1]基本吻合。后者的总出跳值指东山中间、后稍间补间铺作及北檐中间东补间铺作、东稍间补间铺作四跳出跳的出跳值 2.8 尺，加两个大靴楔承托下昂尾至下平槫的尺度；或者西山中间、后梢间补间铺作及北檐中间西补间铺作、北檐西梢间补间铺作五跳的出跳值 3.5 尺，加一个小靴楔承托下昂尾至下平槫的尺度。后者，限于现实测绘条件的制约，仅测知四跳总出跳值 2.8 尺和五跳总出跳值 3.5 尺。

第二节　大殿栱类构件的尺度构成

栱长是斗栱尺度构成[2]上的一个重要要素，栱长与铺作出跳、铺作立面比例相关联。保国寺大殿栱长构成有其自身的特色，大殿的建造年代虽比北宋官书《营造法式》的颁布早了 90 余年，然大殿铺作的栱长与《法式》中所载的栱长有相当的关联。本节试就大殿的栱长构成及其与《法式》栱长构成规律的关联性作一探讨。

一、大殿栱长特色

大殿外檐铺作的形式是单栱造双杪双下昂七铺作。据考察，大殿外檐铺作共有五种栱型，分别是纵向的华栱，横向的泥道栱、瓜子栱、慢栱和令栱。《法式》大木作制度中造栱之制有五，记述了五种栱。类比分析，大殿的栱型与《法式》中的相吻合（图 5）。

---

① 3.3 尺是由大殿间架尺度及当心间开间尺度和藻井设计尺度相减得出的外檐铺作里跳总值。即大殿开间尺度 = 外檐铺作里跳总值 + 斗八藻井设计尺度 + 内檐铺作出跳总值，外檐铺作出跳总值 = 内檐铺作出跳总值。

② 本节的思路和想法是受张十庆教授《〈营造法式〉栱长构成及其意义解析》及《中日古代建筑大木技术的源流与变迁》中有关斗栱的构成分析的启发。

图 5
保国寺大殿外檐铺作示意图（东摄）

关于栱长的设定及其比例关系，《法式》中以分°数进行了明确的规定，将重栱造5 种栱的长度分作 3 种，即瓜子栱与泥道栱长 62 分°，华栱和令栱长 72 分°，慢栱长92 分°（图 5）。那么，大殿的栱长是如何设定的呢？大殿营建之时，当时的工匠是否也是选用分°值来控制大殿的栱长的，还是有别的衡量控制标准？

现将保国寺大殿外檐斗栱的栱长实测值[①]进行梳理，并对每一类型的栱长实测值进行分°值、栔、材、尺的折合计算，以便下一步栱长构成的分析与研究。具体见表 5。

大殿外檐斗栱栱长数据折合表[②]   表 5

构件名称	实测长度（mm）	折合分°值	修正分°值	折合栔值	修正栔值	折合材值	修正材值	折合尺值	修正尺值
泥道栱	1136.74	79.7	80	12.40	12.4	5.31	5.3	3.71	3.7
瓜子栱	772.08	54.1	54	8.42	8.4	3.61	3.6	2.52	2.5
令栱	1061.47	74.4	74	11.58	11.6	4.96	5	3.47	3.5
慢栱	1211.33	84.9	84	13.21	13.2	5.66	5.7	3.96	4

注：数据折合所遵循的基本原则和方法：

数据折合计算过程中，本着工匠造作加工操作的简便性原则对数据进行取整调整，基本遵循四舍五入的数理统计方法。另外，分°值折合时，带有笔者一定的主观性成分，未完全按照四舍五入的方法，基于栱长应该都是偶数分°的原则。

---

① 栱长实测值来自于东南大学建筑研究所张十庆教授负责主持的名为"保国寺大殿测绘分析与基础研究"的科研课题的全面逐构件测绘资料。对大殿外檐铺作全部铺所有全面手工测绘的栱长数据进行合理的数理统计，剔除特异值，并加权求平均值。这些栱长均值即是本节所用的栱长构成分析的基础数据。

② 栱长数据的折合分析与梳理如下：
泥道栱：泥道栱长 / 材厚 =1136.74/142.7=7.97，合 79.7 分°；泥道栱长 / 材广 =1136.74/214=5.311，合 5.311 材；泥道栱长 / 足材广 =1136.74/305.7=3.718，合 3.718 尺；泥道栱长 / 栔高 =1136.74/91.7=12.4，合 12.4 栔。
瓜子栱：瓜子栱长 / 材厚 =772.08/142.7=5.41，合 54.1 分°；瓜子栱长 / 材广 =772.08/214=3.608，合 3.608 材；瓜子栱长 / 足材广 =772.08/305.7=2.526，合 2.526 尺；瓜子栱长 / 栔高 =772.08/91.7=8.42，合 8.42 栔。
令栱：令栱长 / 材厚 =1061.47/142.7=7.44，合 74.4 分°；令栱长 / 材广 =1061.47/214=4.96，合 4.96 材；令栱长 / 足材广 =1061.47/305.7=3.47，合 3.47 尺；令栱长 / 栔高 =1061.47/91.7=11.58，合 11.58 栔。
慢栱：慢栱长 / 材厚 =1211.33/142.7=8.49，合 84.9 分°；慢栱长 / 材广 =1211.33/214=5.66，合 5.66 材；慢栱长 / 足材广 =1211.33/305.7=3.96，合 3.96 尺；慢栱 / 栔高 =1211.33/91.7=13.21，合 13.21 栔。

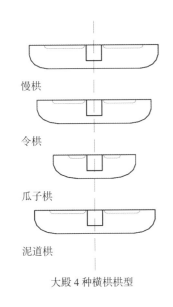

慢栱

令栱

瓜子栱

泥道栱

大殿 4 种横栱栱型

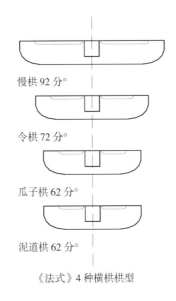

慢栱 92 分°

令栱 72 分°

瓜子栱 62 分°

泥道栱 62 分°

《法式》4 种横栱栱型

图 6
大殿与《法式》横栱栱
型比照图（自绘）

从表 5 数据来看，大殿外檐斗栱的栱长很有可能是由整数尺寸来控制和支配的[1]。如表 5 所示，泥道栱长 3.7 尺、瓜子栱长 2.5 尺、令栱长 3.5 尺、慢栱长 4 尺。即瓜子栱、令栱和慢栱的栱长皆为整数尺，唯有泥道栱长 3.7 尺让人有点疑惑。

泥道栱长的 3.7 尺与 3.5 尺相近，差了 0.2 尺。这 0.2 尺源于何，是否有一定的说法？通常意义上，栱长的设定并不是孤立的，会与其发生关系的构件相关联，甚至受制于此。鉴于此，将与泥道栱相咬合交接的栌斗纳入到考虑的视野范围内，试作分析。

从建筑总体外观来看，大殿外檐补间铺作的栌斗是长方斗，呈现出明显加大的表象。对其测绘数据进行整尺折合，结果显示，栌斗顺身向合 1.7 尺，进深向合 1.5 尺。即顺身向的宽度比进深向大了 0.2 尺，这似乎与上文质疑的 0.2 尺有一定的关联性。反观栌斗的实测数据，再将其进行分°值折算，合 36 分° ×32 分°。《法式》文意显示补间铺作所用栌斗为 32 分° ×32 分°。如若大殿外檐补间铺作的栌斗与《法式》规定的 32 分° 相吻合，那么其尺寸则为 1.5 尺 ×1.5 尺。由此可见，泥道栱 0.2 尺的长度根源于栌斗顺身向的加大。或可以这样说，若栌斗未经工匠的加大处理，据泥道栱与栌斗的组合关系可推知，泥道栱长度则为 3.5 尺（图 6）。

栱长折算数据显示，折合的栔值、材值相对斑驳，畸零现象严重，分°值也不能很好地吻合大殿的设计原则，另外，大殿栱长折合的分°值与《法式》中栱长分°值相比出入较大。

综上所述可见，大殿栱长整数尺寸控制论是可以说得通的。此外，从保国寺大殿本体来看，大殿的基准用材尺寸是整数寸（即材广七寸，足材广一尺），大殿保留了整数尺的传统开间型制，这些也在一定程度上佐证了栱长整数尺寸的说法。从实际造作加工的角度而言，采用整数尺寸来衡量栱类构件的长度，工匠在进行栱构件的截割造作时便捷易行。

倒是，大殿栱长整数尺寸控制论会不自主地引发人产生一些遐想与质疑。

《法式》时代的栱长是否都是用分°值来控制的，是否会由整数尺或材来支配。其实，现存遗构[2]中，极可能存在用整数尺来控制其栱长的实例，只是人们受制于《法式》中栱长分°值的权威规定，习惯性地用它来衡量折算栱长。然北宋官书《法式》

---

① 本观点最初源自东方建筑工作室的讨论。
② 这里所指遗构侧重于明清之前的建筑。

编撰的本意也多是为了核算工料，"关防工料，最为切要"才规定了制度，以提供类比参考，不是不可变的。至少可以这样推测一下，实际造作加工中，工匠会灵活变通处理，分°值可以用来控制栱类构件的细部加工，但并不是一成不变地用分°来衡量栱长。

《法式》编撰者或许是考虑到变造用材和栱类构件的细部构造加工，才最终选定用分°来控制栱长，相对而言，分°是一个最基本的尺度单位，用来衡量栱长有些过于零碎了，从工匠造作加工的简便性来说，分°值显然没有尺或材来得简洁规整①。

二、《法式》栱长构成

《法式》大木作制度中造栱之制有五，将重栱造的五种栱的长度分作三种，即瓜子栱与泥道栱长 62 分°，华栱和令栱长 72 分°，慢栱长 92 分°。然并未就栱长的设定原则和基准进行说明。关于这个问题，张十庆先生在《〈营造法式〉栱长构成及其意义解析》中以较广阔的历史视野进行了探析和阐释。

他认为，《法式》斗栱的标准化是模数单位分°对栱长进行约定的结果，《法式》斗栱的分°数规定反映了一种特定的构成关系——"二材定数"关系。

《法式》栱长的"二材定数"关系，具体如下：

华栱长 72 分°，是为了吻合出跳中距 2 材 30 分°而设定的。

华栱　1/2 斗底＋2 材＋2 材＋1/2 斗底＝72 分°，也即，华栱长＝斗底＋4 材。

铺作正立面上的栱构件，栱长决定于栱的横向伸出距离，具体一点来说，栱较其下坐斗或坐栱伸出二材（30 分°）。

泥道栱长　1 材＋栌斗长＋1 材＝62 分°，也即，泥道栱长＝栌斗长＋2 材；

慢栱长　1 材＋瓜子栱＋1 材＝92 分°，也即，慢栱长＝瓜子栱长＋2 材。

简言之，《法式》的栱长是座斗或座栱长加整数材。

令栱较瓜子栱加长 10 分°，《营造法式〉栱长构成及其意义解析》中对于这个问题的解释是："其原因当不在于立面的比例构成，或是出于视觉效果的需要。从受力角度看，应与加大令栱的支承长度、减小撩檐桁跨距相关联。且令所取长 72 分°，长同华栱，与单材华栱用料相同，也起到减少栱长种类、便于规格化下料的作用"。

以上所述的栱长构成规律，是笔者探讨保国寺大殿栱长构成的重要参照和基础。

三、大殿栱长的构成

由上节论述可知，大殿的栱长是由整数尺寸来控制的②。那么，在这个前提条件下，大殿栱长具体是如何设定的，以何为原则和基准呢？大殿共有 5 种栱型，在这里暂讨

---

① 这只是笔者在探究保国寺大殿的栱长构成时对栱长分°值的个人思考，或许贴近工匠营造的真实，也对分°值的思考提供一点个人的己见；也或许远离了工匠的造作加工的事实。
② 大殿栱长用整数尺来衡量，与当时的工匠有很大的关系。

论 4 种基本横栱的栱长构成关系。关于华栱，因没有获取足够的数据[1]，暂不纳入讨论范围。在整数尺寸控制下，大殿栱长存在一个内在的构成关系，具体分析如下：

（一）泥道栱

根据栱在正立面上，栱长决定于栱的横向伸出距离的尺度构成原则。大殿泥道栱较其下栌斗两边伸出的距离是泥道栱长 3.7 尺减去栌斗看面宽 1.7 尺，即 2 尺，也就是说，泥道栱两边各伸出栌斗边 1 尺。据测绘数据显示，泥道栱两边各伸出栌斗边长度折合成材，约略为 1.5 材。即

泥道栱长 =1 尺 + 栌斗看面宽 +1 尺；或泥道栱长 =1.5 材 + 栌斗看面宽 +1.5 材。

由这一解析式来看，泥道栱长与张十庆先生提出的栱长构成"二材定数"论有一定关联性，但又略有出入。那么问题究竟出在哪里？

现在，进一步来分析一下这个 1.5 材的来源。若按《法式》中的栱长规定，泥道栱的栱长构成原则应是泥道栱两边各伸出栌斗边长 1 材。与此相比较，大殿泥道栱长的伸出多了 0.5 材。那么，大殿的这个 0.5 材是如何设定的呢，以何为基准？纵观大殿整体，栌斗加大是保国寺大殿古制犹存的一大特色，这 0.5 材很有可能是缘于栌斗构件的加大。在栌斗加大的前提下，工匠为了协调整体的比例构成关系，采取了加长泥道栱的措施。然而，工匠在加长泥道栱长时，并不是随意性加长。工匠本着营造加工便捷和施工操作易行的原则，采取了栌斗两边各加长 0.5 材的做法。也就是说，泥道栱总伸出加大 1 材，栌斗构件两边各分出 0.5 材。0.5 材、1 材都是简洁数，便于工匠的施工组织和造作加工。

退一步分析，如若剔除大殿栌斗正看面[2]加大 0.2 尺，泥道栱两边伸出栌斗加长 1 材的条件，大殿泥道栱的栱长构成与《〈营造法式〉栱长构成及其意义解析》中提出的《法式》中泥道栱长构成的"二材定数论"相一致，即泥道栱长 =1 材 + 栌斗看面宽 +1 材。这在一定程度上说明，大殿泥道栱的栱长构成是有法可循的，并不是随意定长。

可以这样说，大殿泥道栱的栱长和栌斗正立面长密切相关。大殿泥道栱的加长作法，是工匠本着加工便捷性的原则，在泥道栱栱长基本构成基础上的灵活变通作法。

（二）慢栱与瓜子栱

关于大殿慢栱较其下瓜子栱伸出距离的分析，为了避免数据均值及折算过程中多重累计误差对探究现象背后本质的影响，不在折合的整数尺寸上做加减，而是重新回归到测绘数据上。大殿的慢栱实测均值长 1211.33mm，瓜子栱长 772.08mm，即慢栱与瓜子栱栱长的差值为 439.25mm，差值经折合后为 2 材。也就是说，慢栱两边各伸出瓜子栱 1 材，也即

慢栱长 =1 材 + 瓜子栱长 +1 材。

由上述分析可知，大殿慢栱栱长构成与"法式栱长构成规律"——慢栱长受瓜子

---

[1] 华栱，因大殿年代久远，实测数据斑驳。

[2] 此处所指的栌斗的正看面与侧看面，建立在铺作的正立面与侧立面的基础上。与整朵铺作正立面相一致的看面界定为栌斗的正看面，同理，与侧立面相一致的看面定义为栌斗构件的侧看面。

栱长影响的"二材定数论"的栱长构成关系,是完全一致的。

(三)令栱

大殿的令栱与《法式》中所规定的令栱相吻合。大殿令栱是令栱发展演变成熟阶段的一典型实例。大殿的令栱长也应于大殿铺作出跳"增跳"紧密相关。

综上所述,大殿的栱长和座斗或座栱密切关联了,且存在着"材"的制约作用。

四、大殿栱长构成的意义

由大殿中栱的栱型及栱长的设定,其表露的意义可以作如下几点分析:

1. 大殿的栱长,表象略显斑驳,独具特色(表6)。大殿栱长构成实际有法可循,自成体系。这个法,便是栱长自身的基本构成关系——十分简单和规整的构成形式。大殿的栱长作法是在工匠在栱长基本构成(二材定数论)基础上的灵活变通作法。

大殿泥道栱明显加长①。泥道栱加长与栌斗加大密切相关。在栌斗加大的前提下,工匠为了协调铺作整体的比例构成关系,采取了加长泥道栱的措施。然而,工匠在加长泥道栱时,并不是随意性加长。工匠本着加工便捷和施工操作易行的原则,采取了栌斗两边各加长 0.5 材的作法。也就是,泥道栱总伸出加大 1 材,两边各分出 0.5 材。0.5 材、1 材都是简洁数,便于工匠的施工组织和加工。另外,大殿泥道栱加长并不是孤例,与大殿年代接近的晋祠圣母殿(北宋天圣年间)也呈现出了泥道栱加长 1 材的现象②。

再者,大殿的瓜子栱短于泥道栱,亦不同于《法式》中有关瓜子栱长的规定。这又是当时工匠造作加工的一灵活处理作法。瓜子栱出现在柱心缝分位的扶壁栱上。对于扶壁栱而言,在结构上起一定的连接作用,更重要的是它的装饰化意义。从扶壁栱的特性出发,工匠充分发挥了传统的匠师智慧。工匠在满足了扶壁栱的视觉效果的前提条件下,本着经济性原则,对瓜子栱进行了减短处理。正如工匠对泥道栱加长的处理,瓜子栱并不是随意减短定栱长。测绘数据分析显示,大殿的瓜子栱,与《法式》规定相比,减短 0.5 材。

同样的,大殿慢栱栱长分。值亦未遵《法式》规定,短于《法式》慢栱栱长。测绘数据显示,大殿的慢栱长比《法式》中慢栱栱长的规定短了 0.5 材。且不观实测数据,单从慢栱与瓜子栱的基本构成关系入手推析,在瓜子栱减短 0.5 材的前提下,相应的慢栱长也应比《法式》中的规定减少 0.5 材。慢栱实测数据与上述据栱长构成关系推析的慢栱长数值的吻合,在相当的程度上,更加反映了大殿慢栱与瓜子栱的"法式规律"构成组合关系。

---

① 栌斗加大,泥道栱加长是古建中一种协调整体比例关系的常用处理手法。
② 这种研究与论证是建立在精密测绘基础上的,需要大量的测绘数据,再经过数理统计与折合处理等,方可进行论证说明。偶遇保国寺大殿和晋祠圣母殿的精密测绘的好机遇,才有条件做到这一步。顾虑到资料的缺乏匮乏性,暂不能肯定地下结论,只是在现状基础上略作推测,以待日后研究。随着古建精密测绘的普及和展开,这种作法相信会得到更好的证实。

2. 大殿泥道栱、瓜子栱与慢栱的栱长，虽与《法式》中规定的分° 数不一致，但是它们的构成关系与《法式》中栱长基本构成关系相一致，这一表象更加反映了大殿横栱长受栌斗或座栱影响的"法式规律"。由此可见，大殿和《法式》的栱长有很大的关联性。

3. 大殿栌斗断面尺寸，折合成分值，合 36 分° ×32 分° ；如若折合成尺制，合 1.7 尺 ×1.5 尺。单从数字来看，工匠无论采用分值抑或尺制，二者皆行得通，那么，当时大殿栌斗尺度到底是用尺制来衡量还是由分值来把控呢？栌斗是一个多联系构件，栌斗隶属于斗体系，栌斗又与栱长构成相关联。若采用尺制，则与栱长衡量基准相呼应；若运用分值，则与斗体系度量相呼应。栌斗呈现出一个矛盾体的特质，在其上体现了二者的综合，如何剥离？很有可能大殿两种尺度衡量皆用，用尺和用材份上的取舍应是与当时大殿的工匠有很大的关联性。这样也就进一步解答了保国寺大殿保留了较多的用整数寸的方法。退一步，试看《法式》中的栱长，按照大殿的营造尺把法式的栱长折合一下，就不是整数寸了（表 7）。

保国寺大殿与《法式》栱长分° 值对比表　表 6

	泥道栱	瓜子栱	慢栱	令栱
《法式》规定	62 分°	62 分°	92 分°	72 分°
保国寺大殿	80 分°	54 分°	84 分°	74 分°

《法式》栱长分° 值与尺寸折合对比表　表 7

	泥道栱	瓜子栱	慢栱	令栱
分° 值规定	62 分°	62 分°	92 分°	72 分°
折合尺寸	4.34 尺	4.34 尺	6.44 尺	5.04 尺

4.《法式》的栱长是斗长加整数材，已经实现了铺作整体外观的协调；保国寺大殿兼有材份和整数寸，不过栱长已经和斗长密切关联了。保国寺大殿体现了比《法式》更早的建构思维，《法式》中栱长由斗长加整数份值的方法是大殿栱长所呈现规律的延续。

综上所述，保国寺大殿栱长体现出共性与个性的表征，大殿的栱长设定以整数尺寸为准，而简洁、规整的栱长构成规律又与《法式》中的栱长构成相吻合。大殿呈现出了比《法式》更早的建构思维，"法式栱长"的斗长加整数材值的构成形式是大殿栱长所呈现规律的延续。

第三节　大殿斗类构件的尺度构成

保国寺大殿斗类构件的斗型丰富，斗构件的尺度构成亦见规律。本节试就大殿斗构件的一系列相关问题如大殿斗型特色、斗长构成规律、斗构件互用作法等作一探讨，进一步观大殿斗类构件体现出的营造特色，并探寻大殿斗类构件与《法式》斗构件的关联性。

一、大殿斗的尺寸分析

本节在 2009 年东南大学建筑研究所对保国寺大殿外檐铺作全部构件进行逐构件全面手工测绘的基础上，对大殿外檐铺作斗构件的尺度①进行梳理分析，为接下来几节大殿斗构件尺度构成的分析研究作铺垫。

斗构件的取样测绘选择了大殿外檐斗栱共 30 组。斗构件尺度的梳理分析方法如是：首先，分类型寻找各类铺作用斗规律，以利特异值的甄别；接下来，多组手工测绘数据形成 excel 表格；然后，确定取值区间，筛除特异值，取均值。进一步，将均值折算为分° 值，以求与《法式》比对分析。

现将大殿外檐铺作散斗构件、交互斗构件、齐心斗构件、补间栌斗构件尺寸梳理归整，列表 8~ 表 11 如下。

二、《法式》的斗型

斗型，顾名思义，就是斗的类型。在《法式》中，斗类构件按尺度构成划分了 4 种斗型，分别是散斗、齐心斗、交互斗和栌斗。《法式》的斗又可分作大斗与小斗两大类。

保国寺大殿外檐散斗构件尺度表　　表 8

	公制（mm）	折合分° 值	修正分° 值
斗顶（广）	201.13	14.09	14
斗顶（长）	234.62	16.44	16
斗底（广）	145.27	10.18	10
斗底（长）	176.59	12.37	12
耳高	56.72	3.97	4
平高	28.61	1.97	2
欹高	57.60	4.04	4
斗高	139.44	9.77	10

保国寺大殿外檐交互斗构件尺度表　　表 9

	公制（mm）	折合分° 值	修正分° 值
斗顶（长）	261.78	18.34	18
斗顶（广）	228.41	16.00	16
斗底（长）	201.26	14.10	14
斗底（广）	173.32	12.15	12
耳高	57.06	4.00	4
平高	28.35	1.99	2
欹高	57.98	4.06	4
斗高	142.23	9.97	10

---

① 大殿斗构件的尺度系统名称采用北宋官书《法式》中的命名体系。斗构件平面二维尺度用"长、广"描述，高度上的尺度称"高"，即"长"、"广"和"高"。

保国寺大殿外檐齐心斗构件尺度表 表10

	公制（mm）	折合分°值	修正分°值
斗顶（长）	234.55	16.44	16
斗顶（广）	230.20	16.13	16
斗底（长）	177.49	12.44	12
斗底（广）	177.15	12.41	12
耳高	56.50	3.96	4
平高	28.84	2.02	2
欹高	57.89	4.06	4
斗高	143.96	9.98	10

保国寺大殿外檐补间栌斗构件尺度表 表11

	公制（mm）	折合分°值	修正分°值
斗顶（长）	511.64	35.85	36
斗顶（广）	450.67	31.58	32
斗底（长）	419.40	29.39	29
斗底（广）	347.64	24.36	24
耳高	102.25	7.17	7
平高	51.94	3.64	3.6
欹高	110.81	7.77	7.8
斗高	263.13	18.44	18.4

注：对大殿外檐铺作斗构件的尺度进行梳理过程中，将实测值皆折算为分°，只是分析研究中的一种方式，目的是为了与《法式》中的斗体系比照分析。本研究中分°值的运用，并不代表大殿营建之时斗构件的尺度控制和衡量就是运用的分°值这套尺度系统。鉴于保国寺大殿处于唐宋转型期的重要节点上，现对分°值在大殿中的应用范围还处于争论之中，即如斗构件是否三维尺度皆由分°值系统来控制还是另有其他衡量体系等等。

大斗即栌斗，小斗即齐心斗、交互斗、散斗。

关于斗构件间的尺度构成关系，《〈营造法式〉栱长构成及其意义解析》中有如下论述[1]："诸小斗尽管随所处位置的不同，形式和尺寸各异，但有一个共同尺寸是不变的，即顺身侧向宽度不变，同为16份，而它们在面阔方向上的长度则分别为16份、18份和14份。其原因为何？这是因为斗的侧向宽度受材厚的制约，它们在侧向上都要开一个10份的口。而斗的正面长度则依比例设定而变化。诸斗中，方16份、高10份的齐心斗是所有斗的基准斗。诸小斗在基准斗的基础上，正面长度以2份增减变化，及交互斗加2份，散斗减2份。而栌斗尺寸则是由齐心斗长宽高尺寸加倍而成。"斗构件间的尺度构成关系如图7所示。

关于斗构件本身的尺度构成关系，体现在斗的立面比例和斗的平面尺寸两方面。

---

① 引自：张十庆先生《〈营造法式〉栱长构成及其意义解析》。

关于斗构件的立面尺寸规定，《法式》在"科"篇中载有栌斗"高二十分°；上八分°为耳；中四分°为平；下八分°为欹"和"凡交互斗、齐心斗、散斗，皆高十分°；上四分°为耳，中二分°为平，下四分°为欹"，也就是说，斗体系（包括大斗和小斗）的斗耳、斗平与斗欹三者间的比例关系为2：1：2。自唐宋以来，斗的比例已趋定式，即斗耳、斗平与斗欹三者间大抵如宋《法式》所规定的

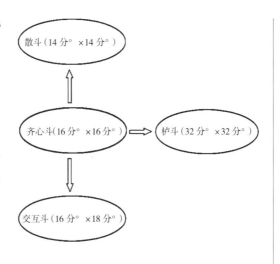

图7
《法式》各型斗间的长广尺度关系结构示意图（自绘）
注：栌头长广及高皆是齐心斗的两倍；散斗、齐心斗及交互斗同高，为10分°。

2：1：2的传统的比例关系[1]。由斗构件的立面来看，在高度上斗耳等于斗欹。斗构件本身构成上的比例关系，形成了斗构件的形象特征。

关于斗构件的平面尺寸规定，《法式》中的表述如下："一曰栌斗。施之于柱头，其长与广，皆三十二分°。若施于角柱之上者，方三十六分°。……底四面各杀四分°。……二曰交互斗……其长十八分°，广十六分°。……三曰齐心斗……其长与广皆十六分°。……四曰散斗……其长十六分°，广十四分°。……凡交互斗、齐心斗、散斗底四面各杀二分°。"。有关《法式》斗构件的平面尺寸兹整理为表格，即表12。

《法式》斗构件平面尺寸（单位：分°）　　　　　　　表12

		斗顶（宽）	斗顶（深）	斗底（宽）	斗底（深）
栌斗	补间	32	32	24	24
	柱头	36	36	28	28
交互斗		18	16	14	12
齐心斗		16	16	12	12
散斗		14	16	10	12

从斗构件的加工来看，《法式》中小斗体系的加工所需要的规格材，无非有如下三种[2]。这三种规格材的断面比例分别是10分°×16分°、10分°×14分°、10分°×18分°。具体而言，散斗构件加工可能会用到两种断面规格的斗材10分°×16分°（加工成顺纹斗形式）、10分°×14分°（加工成截纹斗形式），齐心斗加工所需的斗材断面比例是10分°×16分°（加工顺、截纹斗皆可），交互斗构件加工所需的斗材断面规格是10分°×16分°（加工成顺纹斗形式）、10分°×18分°（加工成截纹斗形式）。从加工的便利性上来看，若不考虑顺、截纹斗的作法，所有小斗构件均

① 斗构件的立面构成关系上，在早期，2：1：2的传统比例关系还未定型之时，可能存在的一种关系斗耳加斗平等于斗欹加斗平。
② 斗构件要横纹受压，由此推知不可能出现断面规格是14分°×16分°或16分°×18分°的斗材。

附录二

古建研究

可用长 16 分°、高 10 分° 的斗材制作。《法原》中论及以栱材扁作小斗。

三、大殿的斗构成

据测绘调研知，大殿的斗体系构成大抵如《法式》中规定的斗体系。

大殿的小斗体系有三种斗型即散斗、齐心斗和交互斗，与《法式》中载有的斗型相吻合。大殿小斗构件的加工，需要两种规格的斗材，这两种斗材的断面比例分别是 10 分°×16 分°、10 分°×14 分°。具体而言，散斗构件加工所用斗材的断面规格是 10 分°×14 分°（加工成截纹斗形式），齐心斗和交互斗构件加工所需的斗材断面规格是 10 分°×16 分°（单槽交互斗采用顺纹斗形式，单槽齐心斗加工成了截纹斗形式）。

由测绘结果可知，大殿三种小斗顺身侧向宽度同为 16 分°。齐心斗、交互斗和散斗在面阔方向上的长度分别是 16 分°、18 分° 和 14 分°。具体如表 8~ 表 11，齐心斗顺身向与面阔向同，应是小斗体系的基准斗。大殿"三小斗"[①]间的尺度关系满足于图 7 中所示的各型斗间的长广尺度构成关系。

关于斗构件本身的尺度构成关系，由测绘结果可知，散斗、齐心斗和交互斗的斗耳、斗平与斗欹三者间的比例关系皆近 2：1：2[②]，然并不是完全的 2：1：2 这个比例关系。观斗构件全部测绘数据呈现出斗欹略大之势，即斗欹高略大于斗耳之高。总的来说，大殿小斗构件在保持斗高是 10 分° 的前提下，斗欹高略大于斗耳之高。这与北宋官书《法式》所规定的 2：1：2 的传统的比例关系略有差异[③]（具体如表 8~ 表 11）。

大殿小斗体系（散斗、齐心斗与交互斗）斗构件的平面尺寸，由测绘结果可知，大抵如宋《法式》所规定。兹整理为表格，如表 13~ 表 15 所示。

保国寺大殿外檐散斗构件尺度与《法式》对比表（单位：分°）　　　表 13

	斗顶(宽)	斗顶(深)	斗底(宽)	斗底(深)	耳高	平高	欹高	斗高
大殿	14	16	10	12	4	2	4	10
法式	14	16	10	12	4	2	4	10

保国寺大殿外檐齐心斗构件尺度与《法式》对比表（单位：分°）　　　表 14

	斗顶(宽)	斗顶(深)	斗底(宽)	斗底(深)	耳高	平高	欹高	斗高
大殿	16	16	12	12	4	2	4	10
法式	16	16	12	12	4	2	4	10

---

① 暂将散斗、齐心斗和交互斗简称"三小斗"。

② 散斗、齐心斗和交互斗构件普遍表现出斗欹之高约略大于斗耳高，这种差异在比例关系上可以忽略，然从构件造作上来分析，事实并不这么简单。从斗构件的受力而言，斗平和斗欹受压。若原先工匠设计时，斗耳等于斗欹，则经久年后，理论上，应出现斗欹约略小于斗耳的现象。理论所推与斗构件现实存在的状况相悖。或许可以这样说，当时工匠在加工时，有意识让斗欹比斗耳高。

③ 这体现出大殿的特殊性和自身的内在设计逻辑特色。从铺作层叠的结构关系上知，栔高等于小斗构件的平高加欹高。大殿的设计体系是足材一尺，单材七寸，继而栔高三寸。从大殿设计的逻辑体系上来讲，斗构件的平高加欹高理应大于 6 分°。

保国寺大殿外檐交互斗构件尺度与《法式》对比表（单位：分°） 表15

	斗顶(宽)	斗顶(深)	斗底(宽)	斗底(深)	耳高	平高	欹高	斗高
大殿	18	16	14	12	4	2	4	10
法式	18	16	14	12	4	2	4	10

综上所述，大殿的斗体系与《法式》中提及的斗型及斗构件的比例关系的规定相吻合。

大殿除了正常地用斗配置外，还存在其自身的一些显著特点。大殿斗构件的特色在两方面表现得尤为突出，一是小斗体系的斗构件互用，一是栌斗加大。

大殿小斗构件的互用有两种情况。其一，散斗与交互斗的套用。即散斗转90°方向用作交互斗，出现于铺作内外跳偷心处交互斗的位置。其二，交互斗与齐心斗的套用。十字开槽的交互斗用作齐心斗，这种用法出现于外檐铺作正心缝上第一层柱头枋与第二层华栱正心相交处的齐心斗位置。

《法式》中也有斗构件互用的记载："四曰散斗……如铺作偷心，则施之于华栱出跳之上"[①]。现存唐宋传统木构建筑实物中亦见散斗用作交互斗的用法。斗构件互用的前提条件是木构建筑本身的斗型较为完善。散斗用作交互斗，很大程度上，是工匠出于加工便捷性的需求。从斗构件加工的便利性上来看，一方面是工匠造作中为了减少斗的类型；一方面是营造中为了省功省料，加工散斗构件会比交互斗构件省功，在《法式》功限条文中规定"交互斗，九只，为一功；散斗，十一只，为一功"。同时，散斗构件比交互斗尺度略小，用在偷心减跳处，视觉上给人协调感。另外，散斗构件放在华栱偷心位置处，也完全能够满足斗栱结构功能的需求。

大殿栌斗硕大。栌斗构件的形象呈现出加大趋向。

由测绘结果可知，大殿外檐补间栌斗构件的平面尺寸，大抵如宋《法式》所规定，略有不同，具体体现在栌斗的立面尺寸略小于《法式》尺度，平面进深向尺度略大于《法式》补间栌斗的尺度，兹梳理分析如表16所示。

保国寺大殿外檐补间栌斗构件尺度与《法式》对比表（单位：分°） 表16

	斗顶(宽)	斗顶(深)	斗底(宽)	斗底(深)	耳高	平高	欹高	斗高
大殿	36	32	29	24	7	3.6	7.8	18.4
法式	32	32	24	24	8	4	8	20

栌斗硕大，是早期建筑形象上的一个显著特征，在汉魏南北朝建筑上多见。唐以后栌斗和散斗的尺度差逐渐减小。也就是说栌斗有变小的趋势。南方遗构中，栌斗硕大的实例有福建罗源陈太尉宫、玄妙观三清殿、华林寺大殿。

---

① 《法式》卷四"大木作制度一"的"枓"篇中。

从木构古建筑的传统做法上来说，大殿栌斗硕大是一种古制。栌斗硕大与泥道栱加长是一对相互依存的整体构成。栌斗的硕大促使了泥道栱造作加长，泥道栱加长呼应了栌斗硕大的形象。在栌斗加大的前提下，工匠为了协调铺作整体的比例构成关系，采取了泥道栱总伸出加大 1 材，两边各分出 0.5 材的措施。

据测绘资料知，大殿外檐补间栌斗面阔向尺度约为 36 分°，进深向尺度大致是 32 分°。与《法式》中补间栌斗尺度的规定比照，大殿栌斗面阔向的尺度比例是《法式》中转角栌斗的尺度比例，大殿栌斗进深向的尺度是《法式》补间栌斗的尺度。或可以这样说，大殿补间栌斗的尺度是转角栌斗和补间栌斗尺度比例关系的组合。

从生产营造的角度来看，以大殿补间栌斗的表观特象提供的可能线索，或可推断，当时工匠是以平面尺度关系为 32 分°×32 分°的方斗作为设计蓝本。鉴于栌斗加大的需求，工匠综合考虑各方面因素，采取在栌斗面阔方向上做出加大处理的举措。

理论上，栌斗加大有两种途径，一是加大栌斗面阔方向的尺度，一是加大栌斗进深方向的尺度。大殿补间栌斗进深方向受制于栌斗与阑额的咬合关系不能再作出加大处理，于是，工匠采取在栌斗面阔方向上做出加大处理的举措。栌斗面阔向上的尺度加大，更多是满足于视觉上栌斗形象硕大的需求，在结构上不会起太大的作用。栌斗面阔向的尺度加大也不是随意性加大，其加大是以转角栌斗 36 分°×36 分°的平面尺度关系为设计蓝本。

四、大殿斗构成的意义

大殿斗构件的构成上的意义体现在三个层面上。

第一个层面上是斗型的意义。大殿斗构件体系的斗型①丰富，是大殿斗栱的一个特色。小斗体系有 3 种斗型，即散斗、齐心斗与交互斗，与《法式》中载有的斗型相吻合。大殿斗型的构成呈现出了比《法式》更早的建构思维，为研究《法式》提供了可贵的线索。

第二个层面上是斗长构成的意义。

关于斗构件间的尺度构成关系，大殿小斗体系的顺身侧向宽度同为 16 分°，齐心斗、交互斗和散斗在面阔方向上的长度分别是 16 分°、18 分° 和 14 分°。齐心斗顺身向与面阔向同，是小斗体系的基准斗。小斗体系尺寸构成的特点体现了大殿斗构件造作加工中斗材规格化的追求。

关于斗构件本身的尺度构成关系，散斗、齐心斗和交互斗的斗耳、斗平与斗欹三者间的比例关系皆近 2：1：2。即斗耳、斗平与斗欹三者间大抵如宋《法式》所规定的 2：1：2 的传统的比例关系。大殿斗构件本身的尺度构成关系为研究《法式》提供了可贵的线索和重要的实物证据。

---

① 现存古建实例，往往以一种斗型抑或有两种斗型为主，三种斗型完备者甚少见，这也在一定的程度上，体现了大殿的规制完整。

第三个层面上是斗构件互用上的意义。

大殿斗构件的互用，是大殿斗栱的又一特色。小斗体系的斗构件互用，减少了斗构件的类型，提高了加工的效率，体现了斗构件加工中的便利性追求。同时，大殿的斗构件互用现象为研究《法式》中载有的斗构件互用作法提供了可贵的实物证据。

综上所述，大殿斗的斗体系呈现出了比《法式》更早的建构思维，为研究《法式》提供了可贵的线索，是重要的实物证据。

五、结语

大殿斗栱的构成自有特色，本章节主要以大殿的外檐斗栱构件为研究对象，探讨斗栱的尺度构成问题。通过一系列比照分析知：

大殿是现存传统木构建筑中斗栱出跳"锐减"、"增跳"现象的特例。大殿外檐出跳，一、二跳减跳值较大（第一跳出跳 28.5 分°，第二跳华栱出跳仅 16 分°），三、四跳超出 30 分°，增大较大（分别合 39 分°、35.5 分°）。大殿前槽空间的外檐铺作里跳总出跳，与整体构架、斗八藻井的尺度密切关联。

大殿外檐斗栱的栱长是由整数尺寸控制。大殿栱长体现出共性与个性的表征，大殿的栱长设定以整数尺寸为准，而简洁、规整的栱长构成规律又与《法式》中的栱长构成相吻合。大殿呈现出了比《法式》更早的建构思维，"法式栱长"的斗长加整材值的构成形式是大殿栱长所呈现规律的延续。

大殿小斗体系的斗型丰富，是大殿斗栱构成的一个特色。小斗体系尺寸构成的特点体现了大殿斗构件造作加工中斗材规格化的追求。大殿斗构件的斗耳、斗平与斗㪻三者间大抵如宋《法式》所规定的 2 ：1 ：2 的传统的比例关系。大殿小斗体系的斗构件互用，减少了斗构件的类型，提高了加工的效率，体现了斗构件加工中的便利性追求。

综上所述，大殿斗的斗栱体系的尺度构成呈现出了比《法式》更早的建构思维，为研究《法式》提供了可贵的线索，是重要的实物证据。

佛光寺东大殿与宋《营造法式》的比较

作者：高宜生　丛勐

五台山上白云浮，云散台空境自幽。

历代珠幡悬法界，累朝金刹列峰头。

风雪激烈龙池夜，草木凄凉雁寒秋。

世路茫茫名利者，尘机到此尽应休。

——（明）王陶

佛光寺位于山西五台山南台西南的佛光山山腰，在五台县城东北32公里，距台怀镇47公里，海拔1320m。寺宇东、南、北三面群峰环抱，惟西向开阔，寺依山势而建，坐东朝西。寺区松柏苍翠，殿宇巍峨，清静幽雅。寺内院落布局疏朗，排列有序，由三进院落组成，占地面积约34000m²。现存建筑有山门、文殊殿、东大殿、廊房、墓塔、经幢等。寺内唐代建筑、彩塑、壁画和题记被誉为"唐代四绝"。

五台山民间传言："先有佛光寺，后有五台山。"佛光寺是五台山最早的寺宇之一。《广清凉传》载："佛光寺，燕宕昌王所立。四面林峦，中心平坦。宕昌王巡游礼谒，至此山门，遇佛神光，山林遍照，因置额名佛光寺。"北魏太和二年（478年），魏孝文帝封河南公梁弥机为宕昌王，受到高祖赏赐。在回国途中，路经五台佛光山，看到该处山环水绕，松柏掩映，闪烁着万道金光。因此就置额"佛光寺"，并建"佛堂三间，僧室十余间"。佛光寺始建。

《代州志》载：元魏沙门释昙鸾"年十四（489年），游五台山金刚窟，见异征，遂落发"于佛光寺，成为于佛光寺出家的第一个僧人。北齐时候，五台山佛教趋于兴盛。北周武帝灭法，使五台山佛教受到极大摧残，佛光寺的3间佛堂被毁，10间僧舍也受到破坏。隋唐之际，五台县昭果寺著名高僧解脱禅师于贞观七年（633年）重修佛光寺，并于佛光寺精研佛理，景行禅观，成为声震四海的著名禅师。解脱禅师在佛光寺大力阐扬佛法，使佛光寺法象再度兴起，成为闻名海外的一大禅林。唐武宗灭法前，佛光寺著名高僧释法兴建3层9间弥勒大阁，内塑七十二位圣贤，八大龙王。隋唐以来，由于解脱禅师、法兴禅师等的大力经营，振兴了五台山佛光寺的佛教，使五台山在盛唐时候成了中国佛教的中心。会昌五年（845年）唐武宗"会昌法难"，佛光寺除数眼破窑洞和几座碑塔外，其余建筑全被毁坏。武宗死后，宣宗继位，佛法重兴。大中二年（848年），"特许修营佛光一寺"，由"故右军中尉王"守澄和"泽州功曹参军张公长"布施、愿诚和尚主持，在弥勒大阁的旧址上，于大中九年（855年）开工，次年竣工，建造了单檐7间的大佛殿及塑像、壁画。女弟子佛殿主宁公遇于大中十一年（857年），树一座刻有《佛顶尊胜陀罗尼经》的石幢，置于大佛殿前。佛光寺再度兴盛，重新焕发出勃勃生机。

宋代时，佛光寺还是一座文明朝野的寺庙，曾在大佛殿内彩绘了"海水行云"壁画一幅。金天会年间（1123~1135年），重修文殊殿，这是佛光寺重建后规模最大的一次营建工程。元、明、清各代都进行过修葺或装绘，清代还增修和改建了伽兰殿、春风花雨楼等建筑（图1、图2）。

东大殿

东大殿建于唐大中十一年（857年），是中国现存最古的木建筑之一。正殿7间，西向俯瞰全寺及寺前山谷。斗栱雄大，坡度缓和，广檐翼出，庞大豪迈。

殿内尚存唐代塑像三十余尊，石像两尊，明清添塑五百罗汉，唐壁画一小横幅，宋壁画几幅。梁下题字，笔纹婉劲，意兼欧虞，犹存魏晋余韵。

殿平面广7间，深4间，由檐柱一周及内柱一周合成，所谓"金箱斗底槽"的做法。外槽绕着内槽一周匝，在檐柱与内柱之间，深1间，沿着后内柱的中线上，依着内柱砌"扇面墙"，尽五间之长，更左右折而向前，三面绕拥，如同一个大屏风。全部内外柱除角柱生起，都是同一个高度的。柱上径较下径仅小两厘米，柱头卷杀作覆盆样，以宝装莲花为装饰。正面5间全部辟门，两尽间槛墙上安直棂窗，两山墙后部高处也辟直棂窗。

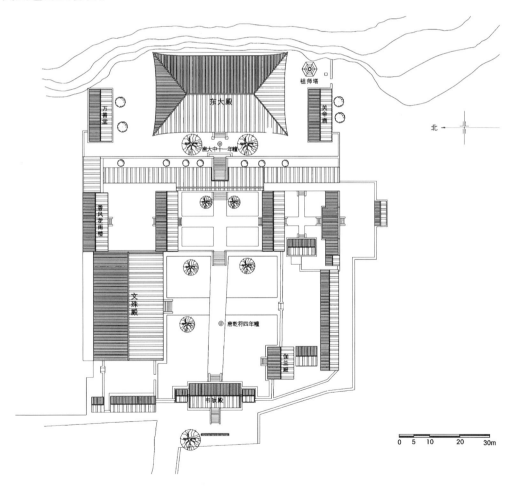

图1
佛光寺建筑群总平面图

149

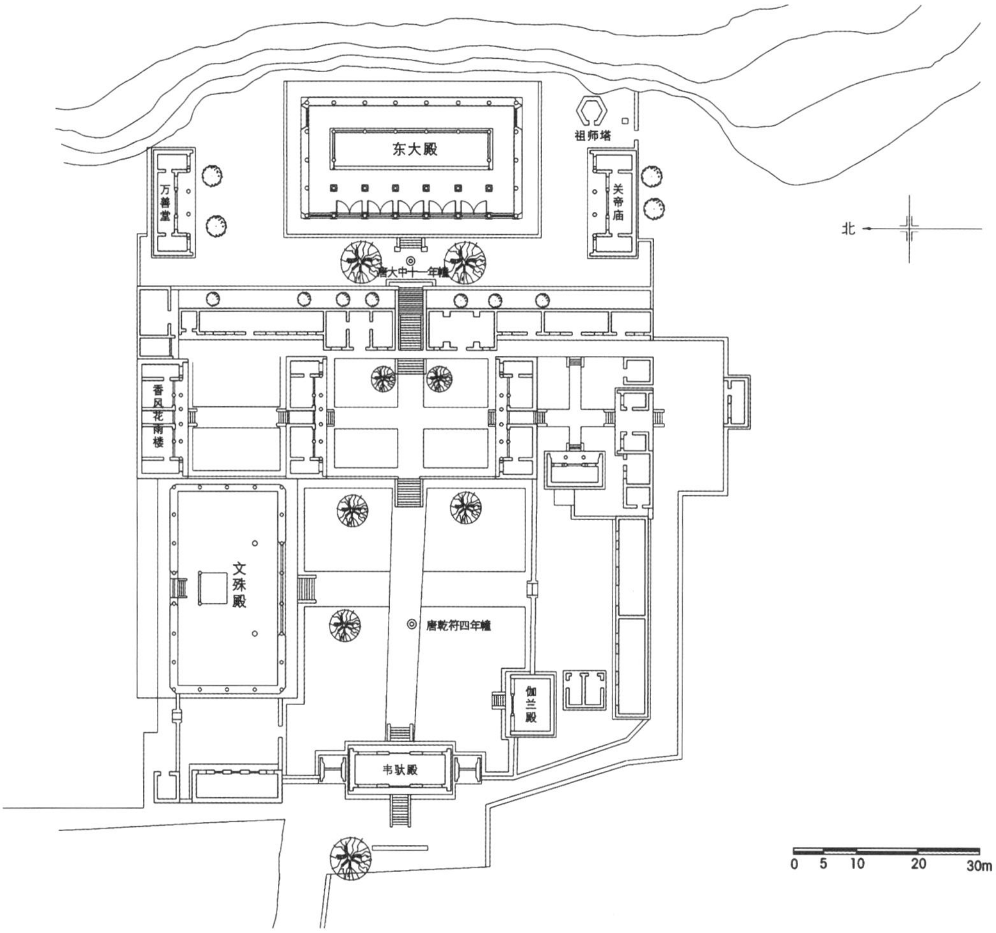

图 2
佛光寺建筑群平面图

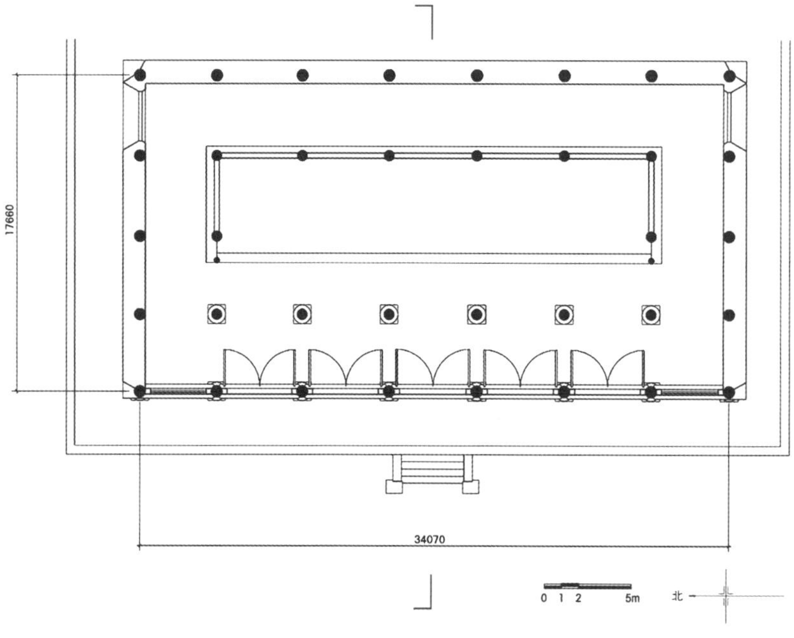

东大殿

祖师塔

关帝庙

万善堂

北

唐大中十一年幢

香风花雨楼

文殊殿

唐乾符四年幢

伽蓝殿

韦驮殿

0 5 10   20   30m

图 3
东大殿平面图

34070

17660

0 1 2   5m   北

殿槽内五间的长度，一半间的深度的位置上，是 1 座大佛坛。坛上有主像 5 尊，各附胁侍像。左右梢间主像是普贤和观音两菩萨（图 3、图 4）。

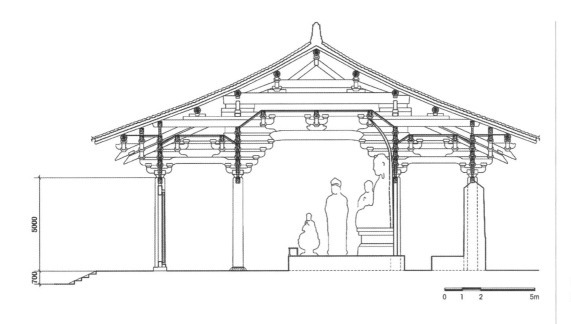

图 4
东大殿剖面图

文殊殿

　　文殊殿在山门内第一进庭院北侧，坐北向南，建于金天会十五年（1137年）。它是一座配殿，但与东大殿规模相当，面阔7间，进深8间，八架椽，单檐悬山式屋顶。此殿是我国古代建筑减柱造的典型，殿内仅用内柱四根，空间格外宽敞。由于内柱大量减少，建筑的梁架结构也随之有所变化，用长达3间大殿的粗大木材，以拖重垂木和斜木相结合，其构成颇似近代的"人字桁架"结构，扩大了跨度。这种手法在当时同类建筑中很新颖，是一创举。

唐大中十一年经幢

　　在东大殿前，高3.24m，八角束腰弥座，每面镌一壶门，刻着抖毛狮子，仰莲之上立着八角幢身，上有八角宝盖，盖上置一八角矮柱，四面各镌佛像一龛，再上则是仰莲宝珠。幢身刻着《佛顶尊胜陀罗尼经》，经末镌有"女弟子佛殿主宁公遇"之名，"时大中十一年十月"。

唐乾符四年经幢

　　在文殊殿前，幢高4.9m，八角束腰弥座，束腰八面，每面镌伎乐一龛。须弥座上为八角幢身，幢身刻《佛顶尊胜陀罗尼经》，《经》末有"唐乾符四年立"字样。幢身上为宝盖，宝盖上置一矮柱，矮柱上作八角攒尖形屋盖，盖上有八瓣山花蕉叶，内置覆钵，上有宝珠。这两座经幢都为唐人所立，但大中幢比乾符幢要早二十年，且大中幢精细，乾符幢粗犷；大中幢的笔法劲沉，乾符幢的笔法圆润；大中幢的装饰俭朴，乾符幢则华丽复杂。

祖师塔

东大殿的南侧是 1 座六角双层楼阁式花塔，塔的平面呈六角形，塔座也为六角形，三层青砖上又有逐级收分的六层青砖，其上每面有三个长形假券。其上塔身平面六角形，下层中空，正西面辟扁平的拱券门，顶上饰以莲瓣形火焰，门内作六角形小室。门上用砖砌出单和小斗，斗上有莲瓣和叠涩构成的塔檐，第一层塔檐是由一层叠涩、一层砖砌斗栱，再一层叠涩和三层密排着的莲瓣及三层叠涩构成，檐顶再用叠涩逐层收进，整个塔檐显得深远厚重，十分精彩。其上置下面为四层叠涩和九瓣覆莲，上面为三重莲瓣、中间为仿胡床式的束腰须弥座，承托着仿木结构的六角形小阁，小阁开有火焰形的假券门，门扇相错，犹似半开之状，小阁上还开有直棂窗。并绘有木结构的额枋、短柱和补间铺作；小阁四角柱的上、中、下饰以捆束莲花。整个小阁的装饰带有印度风格和南北朝遗风。塔刹的下部是两层仰莲承托着六瓣形的宝珠，宝珠上又有两层覆莲，顶端再冠以宝珠。

唐代建筑的斗栱已趋向比例化，佛光寺东大殿材断面为 10 分 ×15 分，栔高 13/2 分，斗栱用材比宋《营造法式》中一等材还大，这种材大小的区别是唐代建筑与宋《营造法式》最显著的区别之一（图5、图6）。

补间铺作不发达是早期斗栱的又一个特征。东大殿的补间铺作与柱头铺作就存在较大的差异，补间不见栌斗，且这时的补间铺作对撩檐枋并没有承托作用，仅仅是起到承托罗汉枋与平棊枋的结构作用。而宋《营造法式》中柱头铺作与补间铺作共同承托撩檐枋，两者的区别已很小（图7~图10）。

唐时斗栱与梁的用材的差别不大，即梁的断面较小。大殿的明乳栿的高度仅一足材，而《营造法式》中高度为两个足材的明乳栿则大大简化了内外檐斗栱的联系，同时也加强了铺作层的整体性和横向刚度（图11、图12）。

一、材份制度的比较

东大殿的材广 × 材厚为 30cm×20.5cm，根据宋尺折算：1 尺 =0.309~0.329m，则可计算出依宋尺东大殿的材应在 9.71 寸 ×6.63 寸 ~9.12 寸 ×6.23 寸之间，大于《营造法式》一等材 9 寸 ×6 寸，东大殿面阔 7 间，少于《营造法式》中一等材用于 9~11 间的规定。可知东大殿建设时期的用材较《营造法式》制度为宽。而材广与材厚之比 10：14.4，与《营造法式》

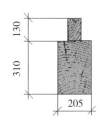

图 5
东大殿用材

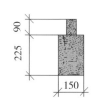

图 6
《营造法式》三等材

图 7
东大殿七铺作

图 8
《营造法式》七铺作

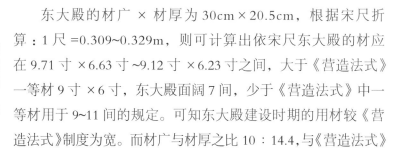

图 9
东大殿柱头铺作与补间铺作

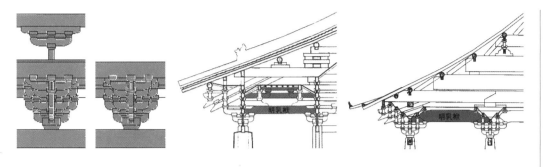

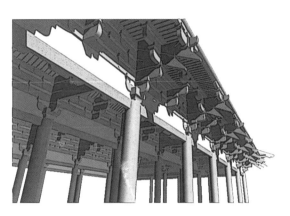

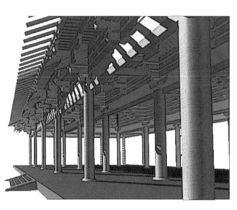

中材广与材厚之比 10：15 较为接近。可知至少在唐代晚期的庙宇建筑中材广与材厚之比已有 10：15 的倾向，亦可略知《营造法式》大木制度对前代建筑的继承性。

此外，对于唐代建筑大木用材相对于《营造法式》大木用材制度的规定为宽，可能与唐、宋建筑风格的不同大有关系，这一点可以在后面的檐出等方面的比较中可窥一斑。

梁栿中截面的广厚比依份数为：四椽栿：27：22；乳栿 21：14；平梁 23：17，其中乳栿 21：14；其截面广厚比为 3：2；完全符合《营造法式》中"凡梁之大小，各随其广分为三分，以二分为厚"之规定。而四椽栿：27：22，几近方形；平梁 23：17，略近于制度，而广厚比亦大于制度规定。根据《营造法式》规定，"凡方木小，须较贴令大；如方木大，不得裁减，即令广厚加之"。可见当断面广不足时，则进行贴木处理，使其满足安全等方面的要求 [实例见于河北新城开善寺大殿（辽）]。而对于宽度大于制度规定的情况则不得裁减木料，以免造成浪费，可能量材施用的观点早在唐代就以形成（图 13）。

二、间椽与《营造法式》制度的比较

间广：

东大殿明、次间均为 252 份，唯尽间间广 220 份，逐间用补间铺作一朵，明、次间铺作与尽间铺作每一朵相差 16 份。侧面两心间广 222 份，尽间 220 份，略小于两心间。但仍残留逐间相等的余意。

正、侧面两尽间面阔尺寸相同，应为便于翼角处理之故。

椽长：

东大殿椽的水平长度在 108~111 份，合于《法式》制度中"用椽之制：椽每架平不过六尺"之椽长上限（150 份）的规定。

柱高与生起：

东大殿平柱高 250 份，在 300 份以下。除尽间外，明、次间均"不越间之广"。平柱之角柱间生起 12 份，少于"七间生高六寸"之制度。

檐出：

东大殿檐出 83 份，无飞子，小于《法式》"造檐之制：皆从撩檐枋心出，如椽径三寸，即檐出三尺五寸；椽径五寸，即檐出四尺至四尺五寸。"的总体规定。

梁栿：

东大殿梁栿最大者四椽，长 441 份，平均每椽长 110.25 份。椽长不超过 150 份，在《营造法式》规定的梁栿长度限度之内。

三、平面尺度与《营造法式》制度的比较

分槽布置：

东大殿采用金箱斗底槽，沿平面四周用檐柱，内柱各一周，以阑额、铺作连接成两环相套的柱网"桁架"。除《营造法式》中另将后排内柱上阑额向两侧延伸至外檐柱头，并在延伸的阑额上亦增用补间铺作的做法外，其余与《营造法式》作法均同。

屋面面广与进深的比例：

东大殿面阔 7 间，进深 4 间，进深与面阔之比为 1：1.93，比例接近 1：2，比例较为合适。而《营造法式》中并未见近于方形平面的记述，盖因方形平面即使做悬山或歇山屋面亦不利于外观立面的处理之故。而后世所见鼓楼（如山东长清灵岩寺钟、鼓二楼）之所需方形平面则多采用歇山屋面处理方式，不同于《营造法式》记述之制度。

四、殿身立面高度及檐出比例与《营造法式》制度的比较

东大殿屋盖举高 40.83%，与《营造法式》举折之制（约 66.7%）相较为低。可见该时期相对于《营造法式》时期屋面举高平缓（图 14）。

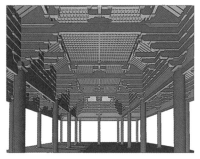

图 14
东大殿梁架结构局部透视图 1

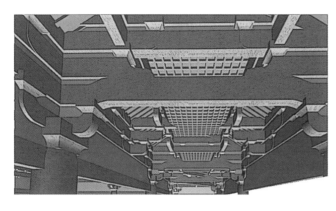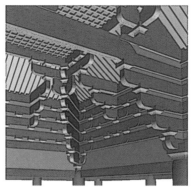

图 15
东大殿梁架结构局部透
视图 2

就平柱高、铺作高、举高三部分而言，大殿比例约为：1：0.5：0.41。就《营造法式》制度殿堂八椽建筑 1：0.36：1.28 而言，比例变化较大，铺作尺度减少，说明唐宋建筑立面有变化及不同的风格（图 15）。

铺作：

东大殿逐间用补间铺作一朵，外檐柱头铺作：外转：七铺作双抄；里转：四铺作出一跳，合于《营造法式》减铺做法。而身内槽身槽内柱头铺作：外转七铺作出四抄，里转：四铺作出一跳；身槽内补间铺作：外转：六铺作三抄；里转五铺作双抄。外跳铺数均多于里跳，内槽平棊高于外槽，为《营造法式》制度所未记载的做法。而外檐补间铺作：外转：五铺作双抄，里转：五铺作双抄；身槽内补间铺作：外转：六铺作三抄，里转：五铺作双抄。比较东大殿构造示意图 [中国建筑史第四版（潘古西主编）图 5-4] 与宋《营造法式》大木作制度示意图（殿堂）[中国古代建筑史第二版（刘敦桢主编）图 134-1]，大殿补间铺作位于栱眼壁上，柱头铺作栌斗下皮与阑额标高同，而《营造法式》中做法为补间铺作位于阑额上、与柱头铺作标高同。大殿补间铺作较柱头铺作减跳、减铺，亦是《营造法式》制度所未记载的做法。

就铺作出跳而言，所有铺作均以第一跳最大，外檐铺作均一、三、四跳出跳份数大于第二跳，身内槽铺作外转：二、四跳同，小于一、三跳；身槽内铺作内转一、二跳同。

就柱头铺作而言，大殿外檐里跳第一跳所用乳栿，是外檐和身内槽柱头铺作第二挑华栱的栱身，身内槽第四跳华栱延伸只至外延铺作里跳（素方）；内槽四椽明栿尾，延伸为外槽铺作上的平棊方。外檐与身内槽构件相互交织，连为一体。与《营造法式》构造做法颇为不同。优良的构造形式造就了伟大的建筑，大殿距今已近 1200 年，依旧岿然屹立，技艺精湛。

通过铺作的比较，可以看到佛光寺大殿的作法与《法式》制度有着较多的不同。虽然标准化、规范化能大量节省设计、施工、造价控制等方面的工作量，然而佛光寺大殿为我们展示了另外一种规范化之外的灵活性，值得我们深思。

五、结构形式与《营造法式》制度的比较

就整体而言，大殿大木结构可分为三部分：柱、铺作层、屋盖三部分。构造联系紧密，梁架采用逐层叠加的抬梁结构，施叉手、托脚；梁随分槽形式分别用乳栿、四椽、天花之上用草栿，除部分做法《营造法式》中未记述外，与《营造法式》殿阁造大木制度相较，本质基本相同。而《营造法式》时期由于柱高与铺作总高之比远大于东大殿柱高与铺作总高之比，且铺作高度的减小必然会带来出跳减小的后果，斗栱对空间高度的影响弱化，故勿需为谋求较大空间而使内槽天花高于外槽天花。

六、总结

以上仅就东大殿基本概况与《营造法式》殿阁造大木制度就材份制、大木构件规格、平面尺度、立面尺度、铺作、部分做法等方面进行了比较，较为粗糙。如翼角做法、细部比例、构造、色彩、小木作等方面还未进行比较。

通过以上的比较，基本可以看到：

1. 佛光寺大殿在用材制度方面较《营造法式》制度为宽，而构件断面广厚之比及的量材适用的处理方式与《营造法式》制度较为相同。

2. 平面、立面比例尺度与整体风格而言，大殿与《营造法式》所形成的殿阁造建筑的风格有着较大的不同，大殿虽建于唐代晚期，但依然体现了忠实、客观、简洁、优美、明朗、健康的盛唐之音，保持着盛唐雄豪壮伟的磅礴气势。《营造法式》制度在某种意义上是宋代一种建筑风格的体现。

3. 就铺作及结构形式而言，其结构本质较为相同，而大殿铺作的尺度及对空间的影响远比《营造法式》大木制度大，而《营造法式》大木制作及处理远较大殿标准化、规范化。反映了此时对建筑整体把握有了进一步的提高。

4. 虽然部分大殿做法未在《营造法式》进行记述，但依然可以看到《营造法式》制度对前代建筑技术有继承性，而这正是中国古代木构建筑不断发展、变化，又成为体系的重要原因。

专著

[1] 郭黛姮.宁波保国寺文物保管所合编.东来第一山：保国寺 [M].北京：文物出版社，2003.

[2] 梁思成.梁思成全集（第七卷）[M].北京：中国建筑工业出版社，2001.

[3] 陈明达.营造法式大木作研究（上、下册）[M].北京：文物出版社，1993.

[4] 陈明达.中国古代木结构建筑技术——从战国到北宋 [M].北京：文物出版社，1990.

[5] 潘谷西，何建中.营造法式解读 [M].南京：东南大学出版社，2005.

[6] 梁思成.清式营造则例 [M].北京：清华大学出版社，2006.

[7] 故宫博物院古建部编.工程做法注释 [M].北京：中国建筑工业出版社，1995.

[8] 姚承祖，张至刚.营造法原 [M].北京：中国建筑工业出版社，1986.

[9] 张十庆.中日古代建筑大木技术的源流与变迁 [M].天津：天津大学出版社，2004.

[10] 张十庆.中国江南禅宗寺院建筑 [M].武汉：湖北教育出版社，2002.

[11] 傅熹年.傅熹年建筑史论文集 [M].天津：百花文艺出版社，2009.

[12] 傅熹年.中国科学技术史建筑卷 [M].北京：科学出版社，2008.

[13] 张驭寰，郭湖生.中国古代建筑技术史 [M].北京：科学出版社，1985.

[14] 郭黛姮.中国古代建筑史（第三卷）[M].北京：中国建筑工业出版社，2003.

[15] 中国营造学社.中国营造学社汇刊 [M].第三卷，第二期.

[16] 肖旻.唐宋古建筑尺度规律研究 [M].南京：东南大学出版社，2006.

[17] 项隆元.《〈营造法式〉与江南建筑》[M].北京：浙江大学出版社，2009.

[18] 郭华瑜.《明代官式建筑大木作》[M].南京：东南大学出版社，2005.

[19] 李浈.中国传统建筑形制与工艺 [M].上海：同济大学出版社，2006.

[20] 李浈.中国传统建筑木作工具 [M].上海：同济大学出版社，2004.

[21] 中村雄三.图说日本木工具史 [M].东京：新生社刊，昭和 42 年.

[22] 杨占山.木工工具的使用与维修 [M].北京：中国建筑工业出版社，1979.

[23] 马炳坚 . 中国古代建筑木作营造技术 [M]. 北京：科学出版社，1991.

[24] 喻卫国，王鲁民 . 中国木构建筑营造技术 [M]. 北京：中国建筑工业出版社，1993.

[25] 陆元鼎，潘安 . 中国传统民居营造与技术 [C]. 广州：华南理工大学出版社，2002.

[26] 李乾朗 . 台湾传统建筑匠艺 [M]. 台北：燕楼古建出版社，1995.

[27] 刘殿祥 . 木工入门 [M]. 石家庄：河北人民出版社，1985.

[28] 李鸿琪 . 木工入门 [M]. 北京：中国和平出版社，1991.

[29] 井庆升 . 清式大木作操作工艺 [M]. 北京：文物出版社，1985.

[30] 纪恭、万里英 . 图解木工操作技术 [M]. 北京：中国建筑工业出版社，1995.

[31] 过汉泉 . 古建筑木工 [M]. 北京：中国建筑工业出版社，2004.

[32] 高祥柏，孙冰 . 制材 [M]. 北京：中国林业出版社，1988.

[33] 区炽南 . 制材学 [M]. 北京：中国林业出版社，1992.

[34] 谭刚毅 . 两宋时期的中国民居与居住形态 [M]. 南京：东南大学出版社，2008.

[35] 陈正祥 . 中国文化地理 [M]. 北京：三联书店，1983.

[36] 张良皋 . 匠学七说 [M]. 北京：中国建筑工业出版社，2002.

[37] 杜维运 . 史学方法论 [M]. 北京：北京大学出版社，2006.

[38] 萧默 . 敦煌建筑研究 [M]. 北京：机械工业出版社，2003.

[39] 余如龙 . 东方建筑遗产（2007 年卷）[J]. 北京：文物出版社，2007.

[40] 余如龙 . 东方建筑遗产（2008 年卷）[J]. 北京：文物出版社，2008.

[41] 余如龙 . 东方建筑遗产（2009 年卷）[J]. 北京：文物出版社，2009.

[42] GB 50165-92 古建筑木结构维护与加固技术规范 [S].1992.

[43] JGJ159-2008 古建筑修建工程施工及验收规范 [S].2008.

[44] JGJ16-2008 民用建筑电气设计规范 .

[45] GB50057—94（2000）《建筑物防雷设计规范》.

[46] GB50303-2002 建筑电气工程施工质量验收规范 .

论文

[1] 窦学智，戚德耀，方长源调查，窦学智执笔 . 余姚保国寺大雄宝殿 [J]. 文物，1957，8.

[2] 杨新平 . 保国寺大殿建筑形制分析与探讨 [J]. 古建园林技术，1987，2.

[3] 刘畅，孙闯 . 保国寺大殿大木结构测量数据解读 [J]. 中国建筑史论汇刊，第壹辑 .

[4] 林士民 . 谈谈保国寺大殿的维修 [J]. 文物与考古，1979（102）.

[5] 陈明达 . 唐宋木结构实测记录表 [J]. 建筑历史研究，北京：中国建筑工业出版社，1992.

[6] 张十庆 .《营造法式》栱长构成及其意义解析 [J]. 古建园林技术，2006，2.

[7] 张十庆 .《营造法式》的技术源流及其与江南建筑的关联探析 [J]. 建筑史论文集，

2003，17.

[8] 张十庆．古代建筑生产的制度与技术——宋《营造法式》与日本《延喜木工寮式》的比较 [J]. 华中建筑，1992，3.

[9] 张十庆．建筑技术史中的木工道具研究——兼记日本大工道具馆 [J]. 古建园林技术，1997，1.

[10] 张十庆．古代营建技术中的"样"、"造"、"作" [J]. 建筑史论文集，2002，15.

[11] 张十庆．古代建筑的设计技术及其比较——试论从《营造法式》至《工程做法》建筑设计技术的演变和发展 [J]. 华中建筑，1999，4.

[12] 张十庆．罗源陈太尉宫建筑 [J]. 文物，1999，1.

[13] 张十庆．从建构思维看古代建筑结构的类型与演变 [J]. 建筑师，2007，4.

[14] 张十庆．部分与整体——中国古代建筑模数制发展的两大阶段 [J]. 建筑历史与理论研究文集（1997-2007）.

[15] 张十庆．是比例关系还是模数关系——关于法隆寺建筑尺度规律的再探讨 [J]. 建筑师，2005，5.

[16] 张十庆．从井干结构看铺作层的形成与演变 [J]. 华中建筑，1991，2.

[17] 潘谷西．《营造法式》初探（二）[J]. 南京工学院学报 .1981，2.

[18] 乔迅翔．宋代建筑营造技术基础研究 [D]. 南京：东南大学，2005.

[19] 宿新宝．建构思维下的江南传统木构建筑探析 [D]. 南京：东南大学，2009.

[20] 谢鸿权．东亚视野之福建宋元建筑研究 [D]. 南京：东南大学，2010.

[21] 张颖．苏州云岩寺塔形制与复原研究 [D]. 南京：东南大学，2007.

[22] 巨铠夫．上海真如寺大殿形制探析 [D]. 南京：东南大学，2010.

[23] 成丽．宋《营造法式》研究史初探 [D]. 天津：天津大学，2009.

[24] 王辉．《营造法式》与江南建筑——《营造法式》中江南木构技术因素探析 [D]. 南京：东南大学，2001.

[25] 温玉清．"以材为祖"：奉国寺大雄宝殿大木构成探微 [J]. 中国建筑史论汇刊，第壹辑 .

[26] 钟晓青．斗栱、铺作与铺作层 [J]. 中国建筑史论汇刊，第壹辑 .

[27] 钟晓青．关于"材"的一些思考 [J]. 建筑史，2008，7.

[28] 王其亨．《营造法式》材分制度的数理涵义及审美观照探析 [J]. 建筑学报，1990，3.

[29] 高潮．《〈营造法式〉材分制度的数理涵义及审美观照探析》一文质疑 [J]. 建筑学报，1992，7.

[30] 何建中．营造法式材分制新探 [J]. 建筑师，1991，43.

[31] 刘畅，孙闯．少林寺初祖庵实测数据解读 [J]. 中国建筑史论汇刊，第贰辑 .

[32] 孙闯，刘畅，王雪莹．福州华林寺大殿大木结构实测数据解读 [J]. 中国建筑史论汇刊，第叁辑 .

[33] 刘畅，李小涛 . 北京先农坛太岁殿、拜殿大木丈尺初探 [J] . 建筑史，第 26 辑 .

[34] 段智钧 . 华严寺海会殿大木结构用尺与用材新探 [J]. 中国建筑史论汇刊，第贰辑 .

[35] 段智钧 . 南禅寺大殿大木结构用尺与用材新探 [J]. 中国建筑史论汇刊，第壹辑 .

[36] 朱光亚 . 探索江南明代大木作法的演进 [J]. 南京工学院学报（建筑学专刊），1983.

[37] 陈薇 . 木结构作为先进技术和社会意识的选择 [J]. 建筑师，2003，6.

[38] 陈从周 . 金华天宁寺元代正殿 [J]. 文物参考资料，1954，12.

[39] 陈从周 . 浙江武义延福寺元构大殿 [J]. 文物，1966，4.

[40] 朱光亚 . 中国古代建筑区划与谱系研究初探 [J]. 中国传统民居营造与技术 .

[41] 朱光亚 . 中国古代木结构谱系再研究 [J]. 建筑历史与理论研究文集（1997-2007）.

[42] 张玉瑜 . 实践中的营造智慧——福建传统大木匠师技艺抢救性研究 [D]. 南京：东南大学，2004.

[43] 石红超 . 苏南浙南传统建筑小木作匠艺研究 [D]. 南京：东南大学，2004.

[44] 宾慧中 . 中国白族传统合院民居营建技艺研究 [D]. 上海：同济大学，2006.

[45] 杨立峰 . 匠作 匠场 手风 [D]. 上海：同济大学，2005.

[46] 肖旻 . 梅县民间建筑匠师访谈综述 [J]. 华中建筑，2008，8.

[47] 肖旻 . 岭南民间工匠传统建筑设计法则研究初步 [J]. 城市建筑，2005，2.

[48] 赵春晓 . 宋代歇山建筑研究 [D]. 西安：西安建筑科技大学，2010.

[49] 王天航 . 建筑与环境：唐长安木构建筑用材定量分析 [D]. 西安：陕西师范大学，2007.

[50] 王林安，肖东，侯卫东等 . 应县木塔二层名层外槽柱头铺作解构 [J]. 古建园林技术，1997，1.

[51] 佐藤隆久 . 東大寺南大门における部材寸法の規格化について——大佛样における部材寸法の規格化に関する研究 その 1 [J]. 日本建築学会計画系論文集，2005.

[52] 佐藤隆久 . 東大寺開山堂及び鐘楼における部材寸法の規格化について——大佛样における部材寸法の規格化に関する研究 その 2 [J]. 日本建築学会計画系論文集，2005.

[53] 佐藤隆久 . 净土寺净土堂における部材寸法のについて——大佛样における部材寸法の規格化に関する研究 その 3 [J]. 日本建築学会計画系論文集，2006.

[54] 中川武 . 日本建築における木割の方法て設計技術について [J]. 建築雑築，Vol.90，No. 昭和 50 年 1 月号 .

[55] 陈涛 . 平座研究反思与缠柱造再探 [J]. 中国建筑史论汇刊，第叁辑 .

[56] 赖德霖 . 社会科学、人文科学、技术科学的结合——中国建筑史研究方法初识，兼议中国营造学社研究方法"科学性"之所在 [J]. 名师论建筑史 .

[57] 常青 . 话说建筑史 [J]. 名师论建筑史 .

正投影像图及精准测绘图

01 关帝庙大殿南立面正摄影像图

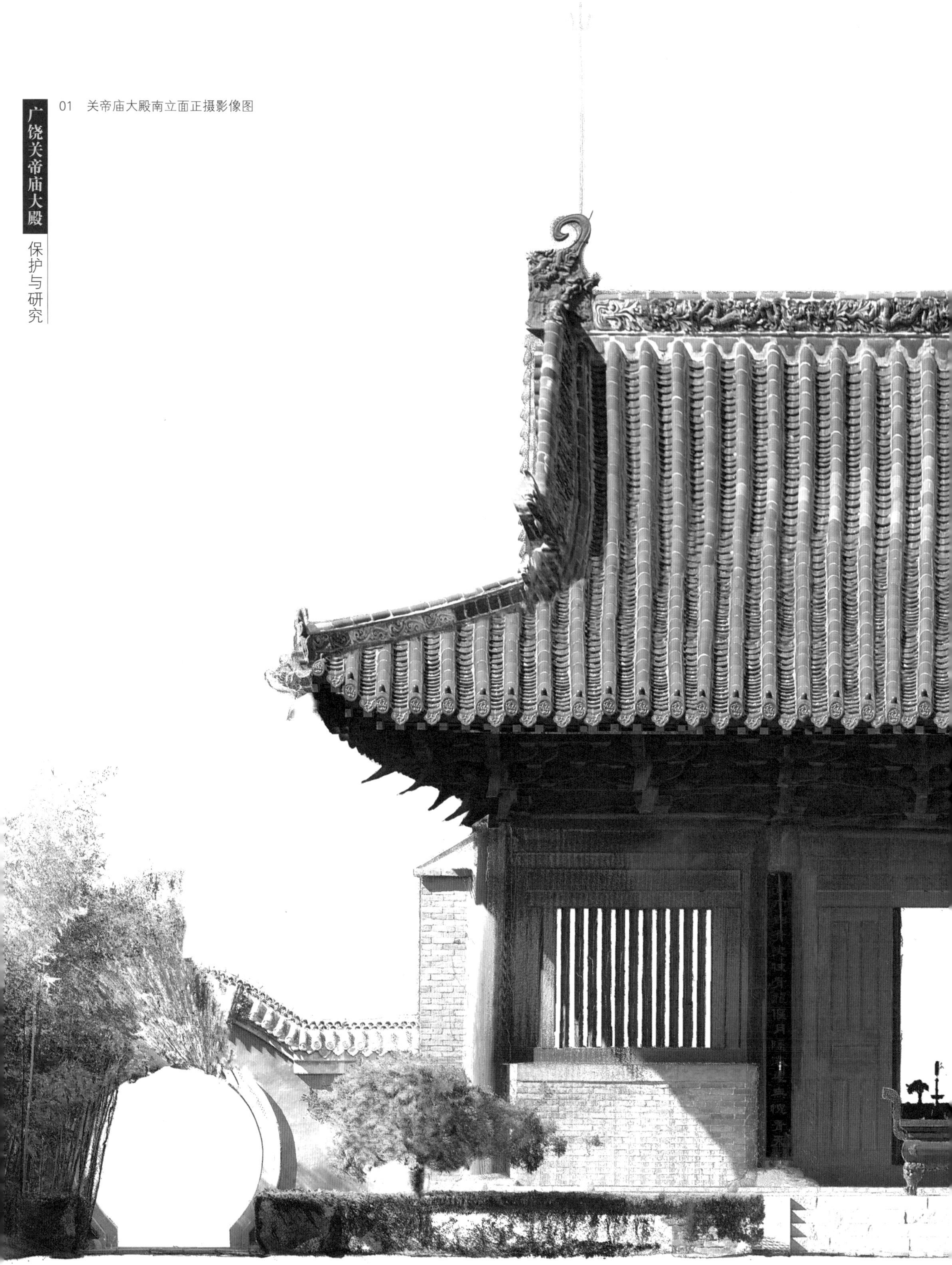

02 关帝庙大殿梁架俯视图（去掉屋面及望板构造后的木结构俯视图）

04　关帝庙大殿北立面正摄影像图

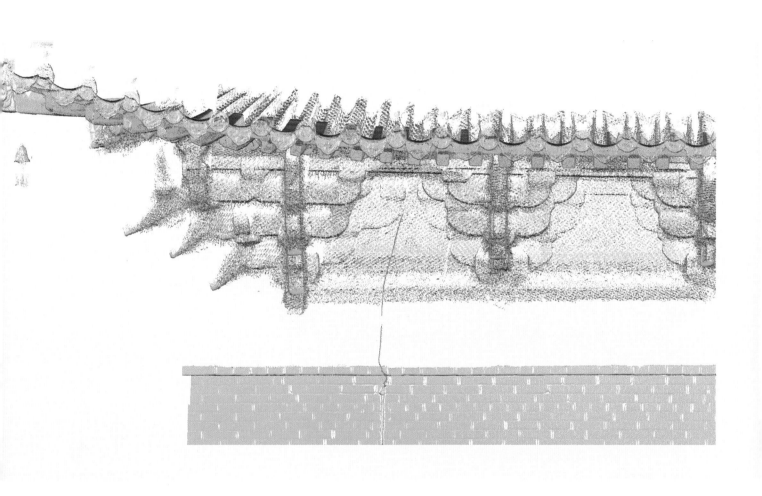

05　关帝庙大殿铺作正摄影像点云

06　关帝庙大殿西立面正摄影像图

07　关帝庙大殿东立面正摄影像图

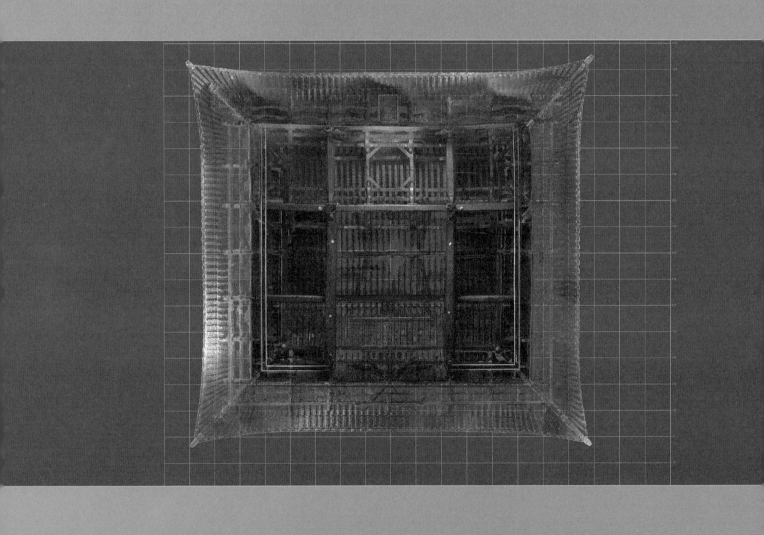

08　关帝庙大殿梁架仰视正摄影像

09　关帝庙大殿屋面正摄影像

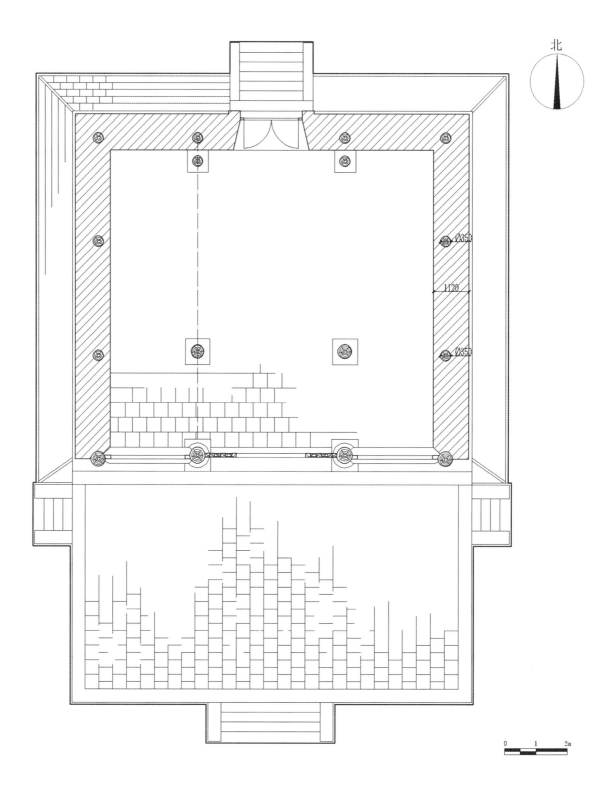

北

0 1 2m

10 关帝庙大殿平面图

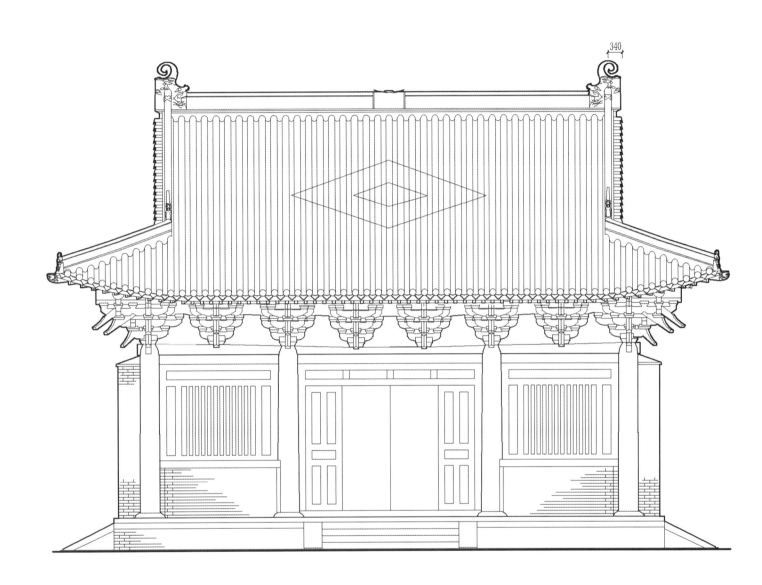

340

0 1 2m

11 关帝庙大殿南立面图

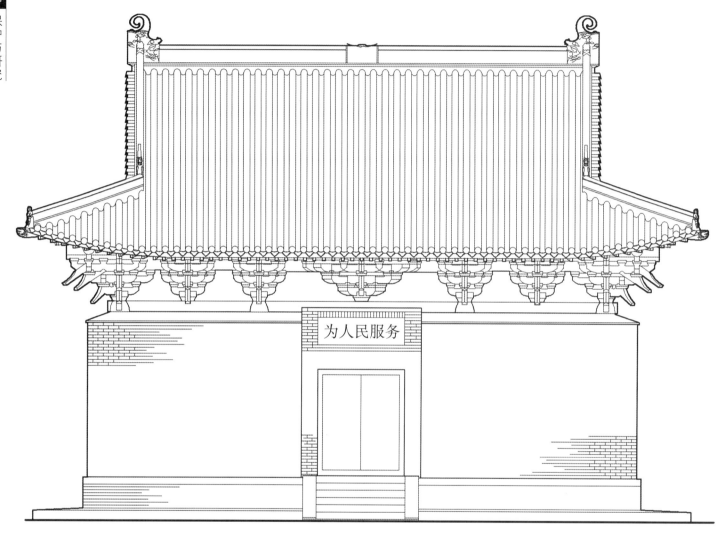

12 关帝庙大殿北立面图

13 关帝庙大殿东侧立面图

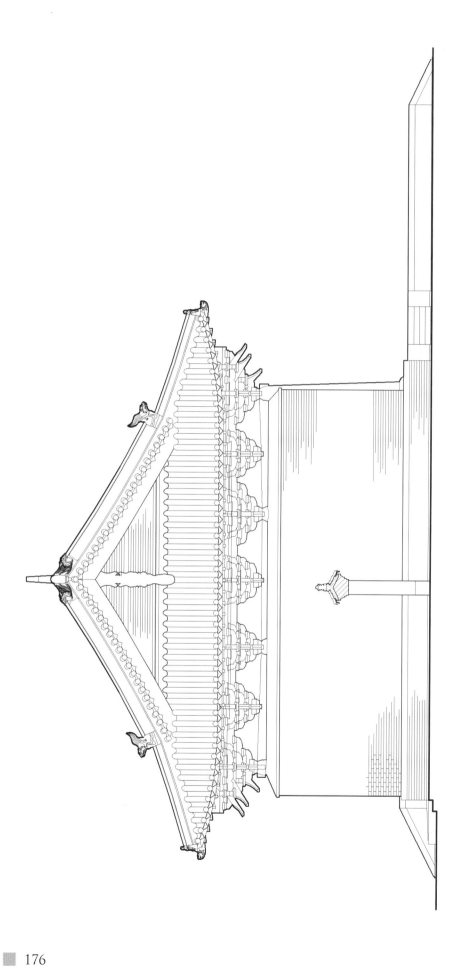

14 关帝庙大殿西侧立面图

北

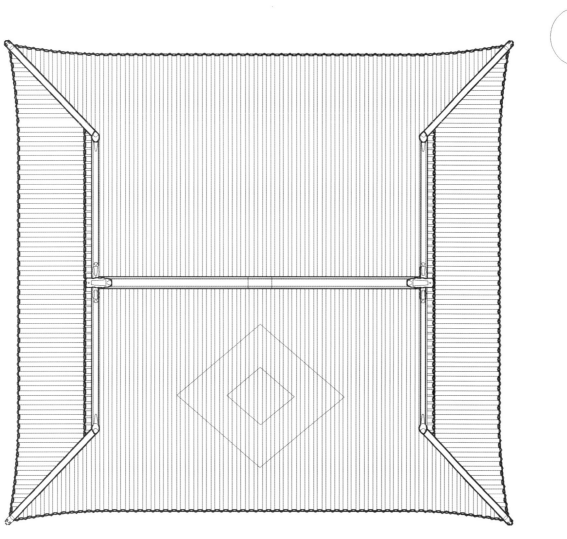

15 关帝庙大殿屋面俯视图

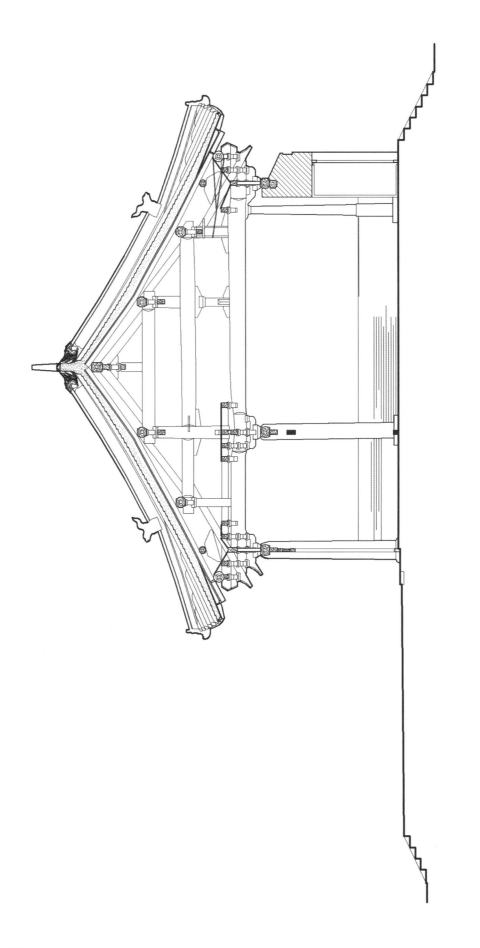

16　关帝庙大殿明间横剖面图

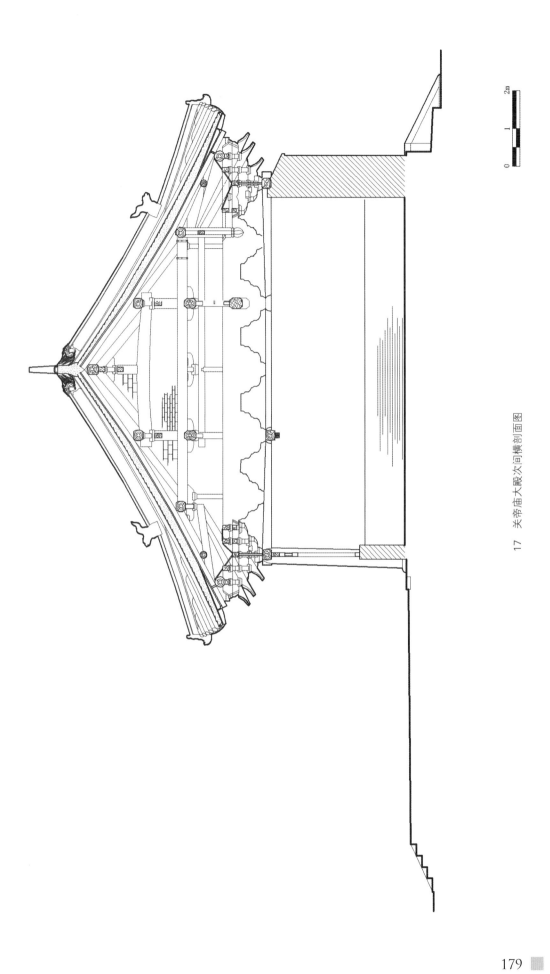

17 关帝庙大殿次间横剖面图

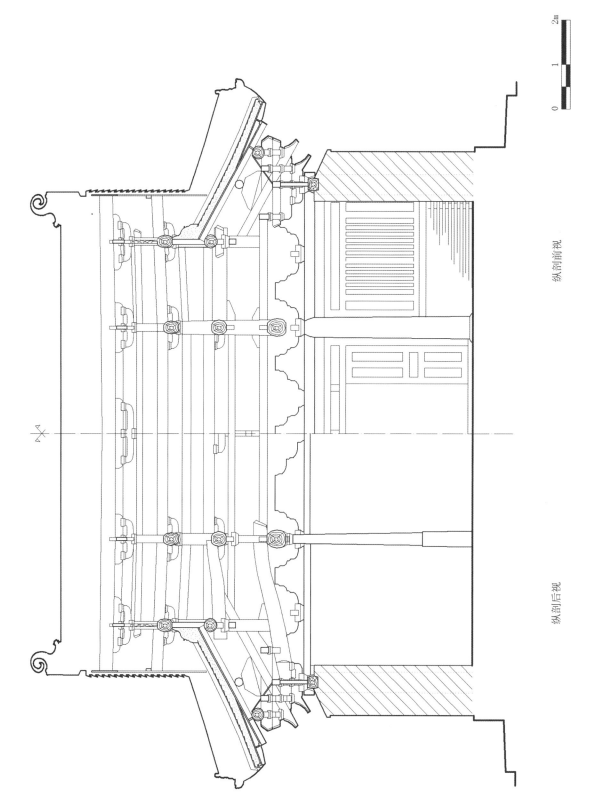

纵剖前视

纵剖后视

18 关帝庙大殿纵剖面图

0   1   2m

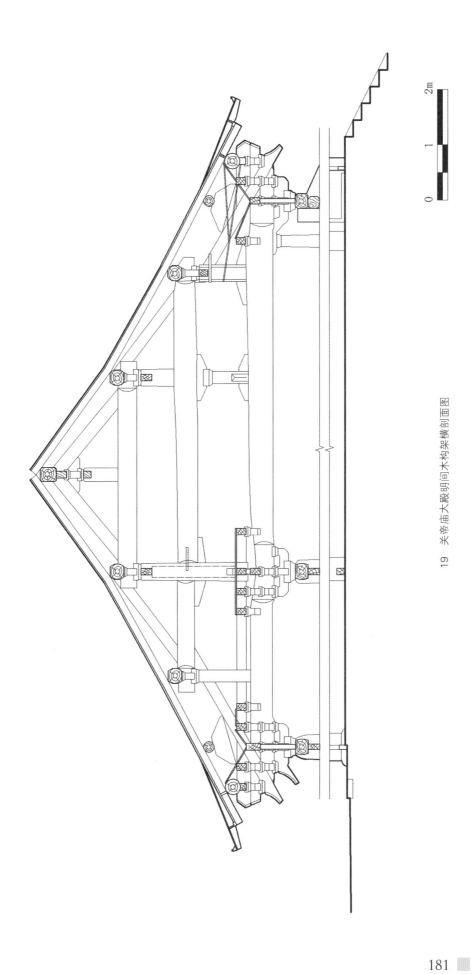

19 关帝庙大殿明间木构架横剖面图

0 1 2m

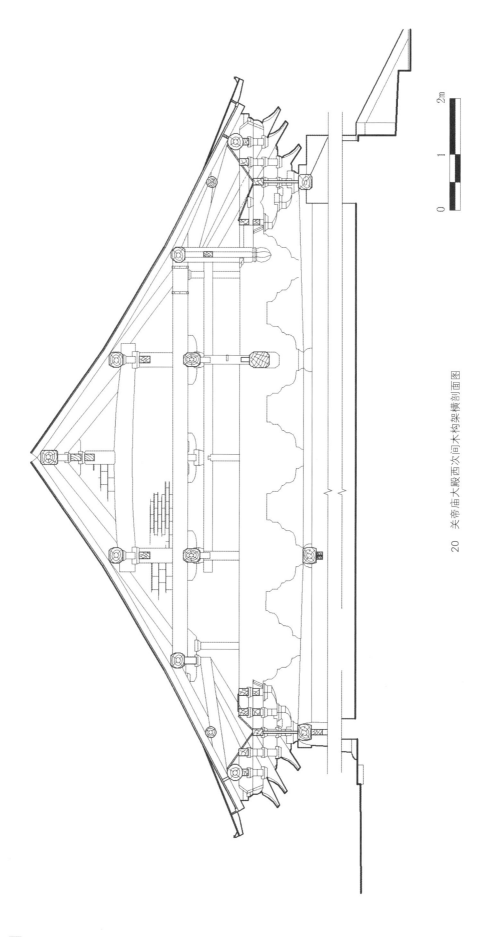

20 关帝庙大殿西次间木构架横剖面图

21 关帝庙大殿木构架加固纵剖面图

插

图

01 广饶孙武祠大门

03 孙武祠一进院落及孙武雕塑

04　孙武祠二门南立面

05　关帝庙大殿孙武祠二门北立面

06 孙武祠二门梁架及彩绘

07 关帝庙大殿正立面

09

08

10

11

08　关帝庙大殿文物标
示碑

09　关帝庙大殿翼角
瓦饰

10　关帝庙大殿瓦面及
垂脊正吻

11　关帝庙大殿屋面琉
璃剪边做法及正脊

194

12 关帝庙大殿南立面细部

13 关帝庙大殿北及侧立面

17 大殿内部梁架

18 大殿攀间及椽望

19 大殿殿内廊斗栱

20 关帝庙大殿及月台

21 大殿内壁画

22 关帝庙大殿东侧的
民国门东立面

23 关帝庙大殿东侧的
民国门西立面

24 关帝庙大殿后院
西侧碑廊

25 西侧碑廊北立面

28　西侧碑廊

29　关帝庙大殿后院东侧碑廊

30　东侧碑廊南立面

31　东侧碑廊南立面局部

32 陈列在关帝庙大殿
西侧的古代碑刻

33 圣迹堂

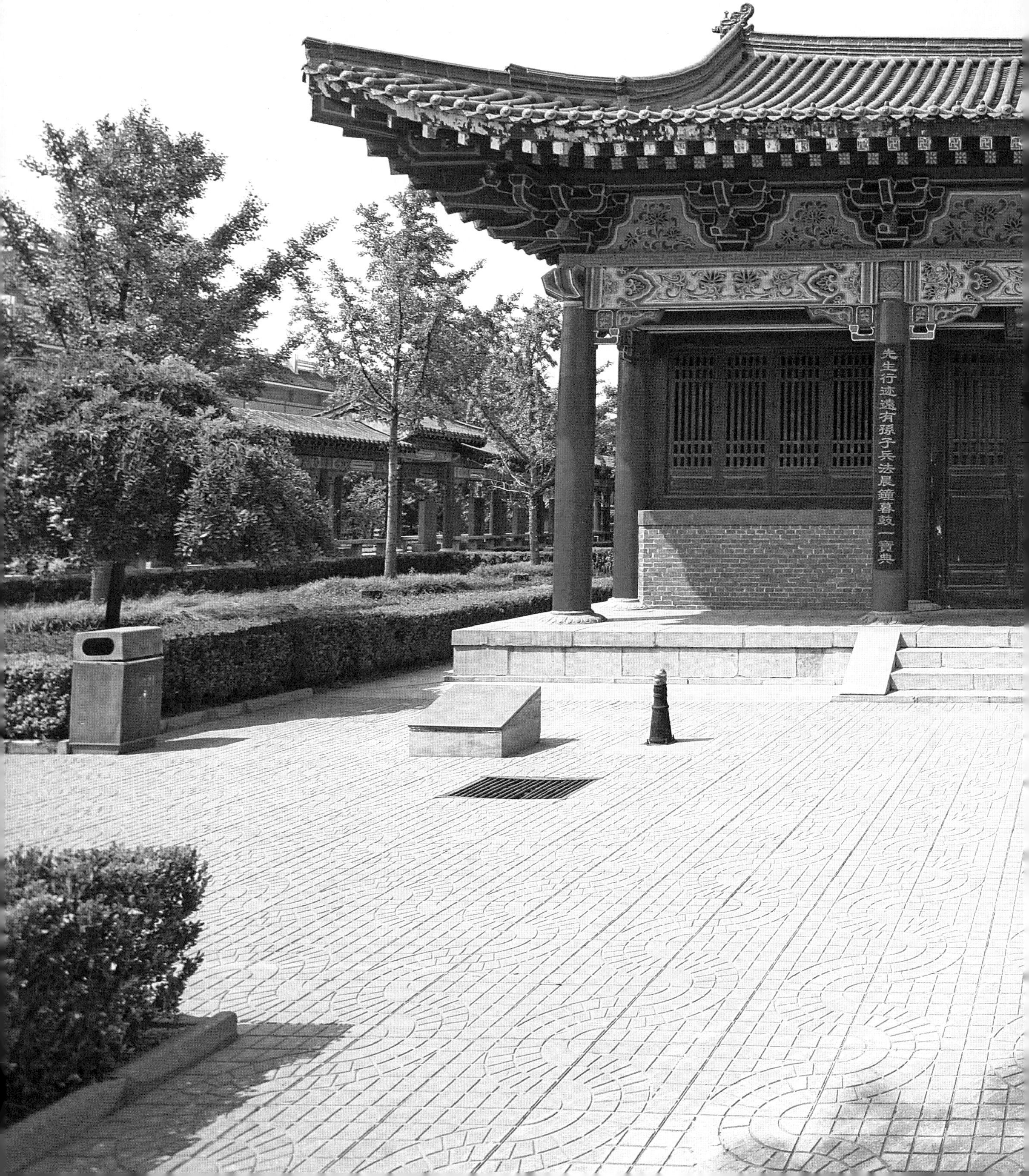

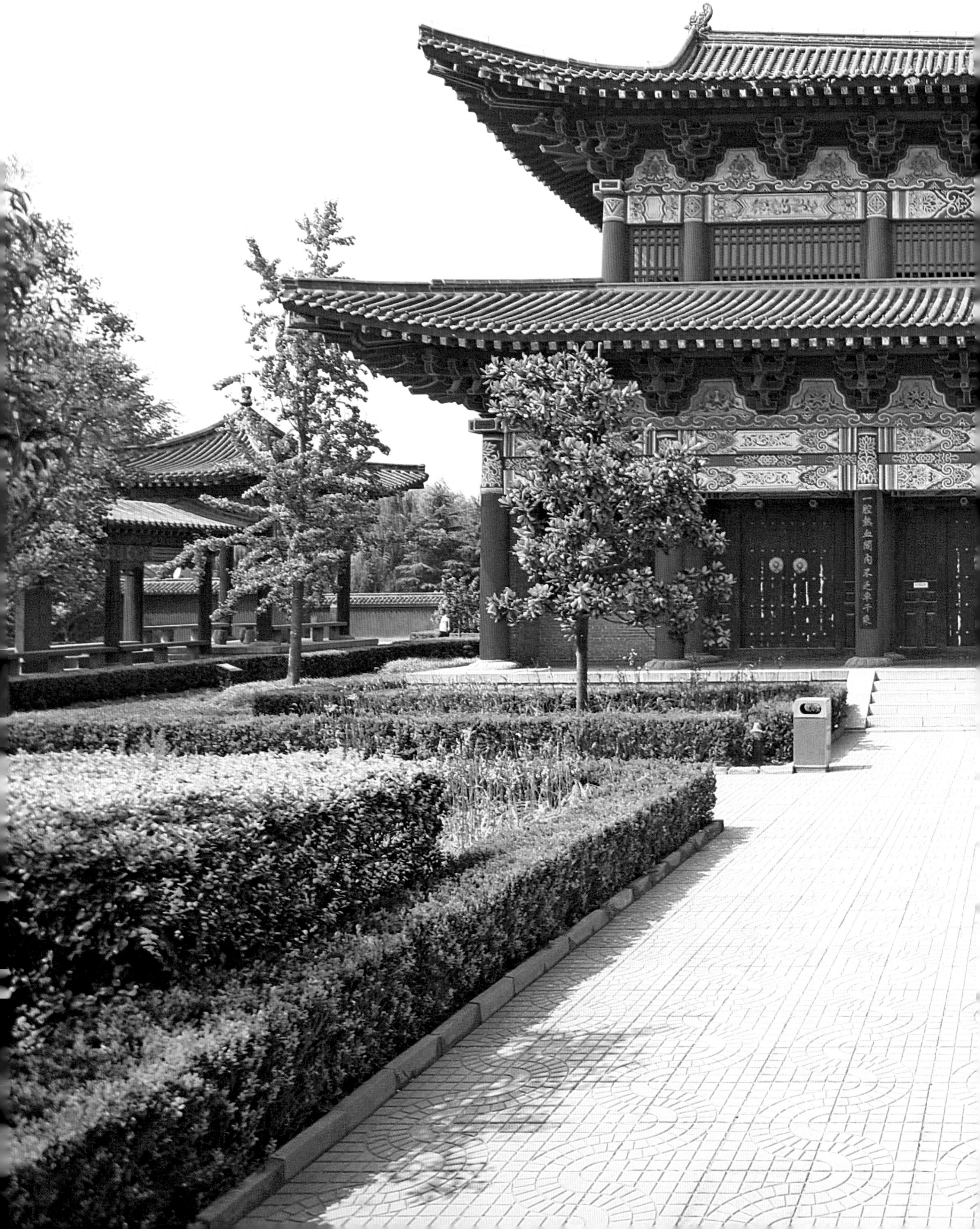

37 藏书阁一层檐廊

38 藏书阁南立面细部

39 藏书阁院落

后记

  此次关帝庙大殿的保护修复铭刻了当代的年轮。这浓墨重彩的一笔，彰显出时代的华章。历史的点滴将在世间永存，成为人们永恒的记忆。

  在大殿大修实施过程中，国家文物局及省市县文物主管部门的领导多次到现场视察，国家和省文物局多次派专家到现场进行检查指导，东营市委、市政府和广饶县委、县政府给予大力支持和帮助。在此，对关心该项目的各级领导及专家表示衷心地感谢！

  本书的编撰工作自 2012 年 11 月开始，至 2016 年 7 月出版发行，得到了山东省文物科技保护中心、山东建筑大学和中国建筑工业出版社的鼎力相助和指导，在此一并表示谢意。

  此次编撰由于编者水平所限，如有遗漏和不妥之处，敬请各界专家与读者批评斧正。

《广饶关帝庙大殿保护与研究》编撰组

2016 年 6 月